计算机视觉
三维重建理论与应用

田欢　著

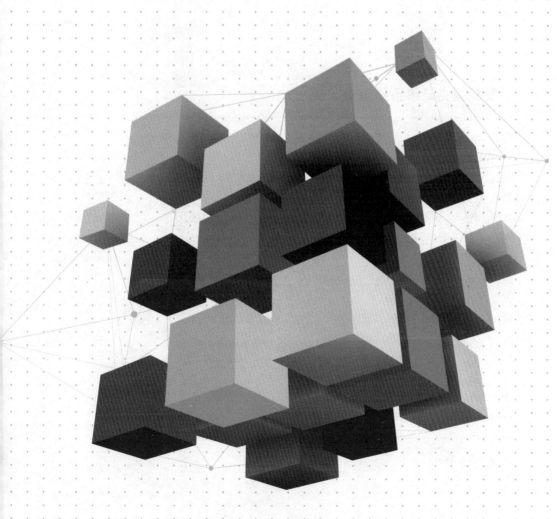

延边大学出版社

图书在版编目（CIP）数据

计算机视觉三维重建理论与应用 / 田欢著. -- 延吉：
延边大学出版社，2023.3
ISBN 978-7-230-04626-8

Ⅰ．①计… Ⅱ．①田… Ⅲ．①计算机视觉 Ⅳ.
①TP302.7

中国国家版本馆 CIP 数据核字(2023)第 051587 号

计算机视觉三维重建理论与应用

著　　者：田　欢
责任编辑：金钢铁
封面设计：文合文化
出版发行：延边大学出版社
社　　址：吉林省延吉市公园路 977 号　　　　邮　　编：133002
网　　址：http://www.ydcbs.com
E-mail：ydcbs@ydcbs.com
电　　话：0433-2732435　　　　　　传　　真：0433-2732434
发行电话：0433-2733056
印　　刷：廊坊市广阳区九洲印刷厂
开　　本：787 mm×1092 mm　　1/16
印　　张：10　　　　　　　　　　字　　数：200 千字
版　　次：2023 年 3 月　第 1 版
印　　次：2023 年 5 月　第 1 次印刷
ISBN 978-7-230-04626-8

定　　价：78.00 元

前　言

　　计算机视觉是研究让计算机能够像人一样来理解图像和视频等视觉信息的科学。计算机视觉通过摄像机等成像设备代替人的眼睛来获取场景的图像或视频，通过各种智能算法来代替人的大脑对图像或视频进行分析，获得对场景的理解（包括场景中所包含的物体、场景中所发生的事件等）。

　　三维重建是计算机视觉研究的主要内容之一，属于 Marr 视觉计算理论框架中的中级视觉部分。三维重建是通过二维图像中的基元图来恢复三维空间信息，也就是要研究三维空间点、线、面的三维坐标与二维图像中对应点、线、面的二维坐标之间的关系，实现定量分析物体的大小和空间物体的相互位置关系。

　　本书共有六章，首先介绍了计算机视觉的基本内容，然后系统地分析了图像的形成、图像处理、图像的局部特征、图像分割等，之后重点探讨了计算机视觉三维重建理论，并对计算机视觉三维服装建模的应用方面进行研究。

　　在本书的撰写过程中，参阅了大量资料，吸收了同行们辛勤劳动的成果，在此一并表示感谢。由于作者水平有限，时间仓促，书中难免出现错误和疏漏，希望广大读者见谅。

目　录

第一章 计算机视觉概述

第一节 计算机视觉简史

现代的科学研究表明，人类的学习和认知活动有 80% ~ 85% 都是通过视觉完成的。也就是说，视觉是人类感受和理解这个世界的最主要的手段。在当前机器学习成为热门学科的背景下，人工智能领域自然也少不了视觉的相关研究，这就是本书将要介绍的计算机视觉。

计算机视觉是一门"教"会计算机如何去"看"世界的学科。计算机视觉与自然语言处理及语音识别并列为机器学习的三大热点方向。而计算机视觉也由诸如梯度方向直方图和尺度不变特征变换等传统的手动提取特征与浅层模型的组合（如图 1-1 所示）逐渐转向了以卷积神经网络（Convolutional Neural Network，CNN）为代表的深度学习模型。然而计算机视觉正式成为一门学科，则要追溯到 1963 年美国计算机科学家劳伦斯·罗伯茨在麻省理工学院的博士毕业论文《三维固体的机器感知》。加拿大科学家大卫·休伯尔和瑞典科学家托斯坦·维厄瑟尔从 1958 年起通过对猫视觉皮层的研究，提出在计算机的模式识别中，与生物的识别类似，边缘是用来描述物体形状的关键信息。根据上述研究，劳伦斯·罗伯茨通过对输入图像进行梯度操作，进一步提取边缘，然后在 3D 模型中提取出简单形状结构，之后像搭积木一样利用这些结构去描述场景中物体的关系，最后获得从另一角度看图像物体的渲染图。在拉里的论文中，从二维图像恢复图像中物体的三维模型的尝试，正是计算机视觉与传统的图像处理学科思想的最大不同：计算机视觉的目的是让计算机理解图像的内容。这算是与计算机视觉相关的最早的研究。

如 SIFT，HoG 等

图 1-1　传统的手动提取特征与浅层模型的组合

1. 20 世纪 70 年代

从有了计算机视觉的相关研究开始，一直到 20 世纪 70 年代，人们关心的热点都偏向图像内容的建模，如三维建模、立体视觉等。比较有代表性的弹簧模型和广义圆柱体模型（如图 1-2 所示）就是在这个时期被提出来的。这一时期的视觉信息处理分为三个层次：计算理论、表达和算法、硬件实现。在如今看来这或许有些不合理，但是却将计算机视觉作为一门正式学科进行研究，而且其方法论到今天仍然是表达和解决问题的好向导。

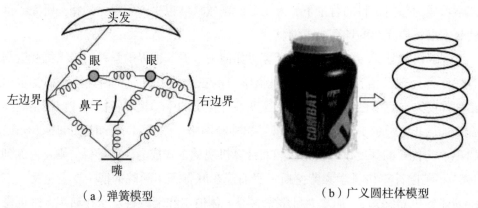

（a）弹簧模型　　　　　　　　　　　　　　（b）广义圆柱体模型

图 1-2　弹簧模型和广义圆柱体模型

2. 20 世纪 80 年代

在视觉计算理论提出后，计算机视觉在 20 世纪 80 年代进入了蓬勃发展的时期。主动视觉理论和定性视觉理论等都在这个时期被提出，这些理论认为人类的视觉重建过程并不是像马尔理论中那样直接的，而是主动的、有目的性和选择性的。同时从 20 世纪 80 年代起，计算机视觉成为一门独立学科，并开始从实验室走向应用。著名的图像金字塔和 Canny 边缘检测算法在这个时期被提出，图像分割和立体视觉的研究在这个时期也蓬勃发展，当然还有与本书联系更紧密的基于人工神经网络的计算机视觉研究，尤其是模式识别的研究也伴随着人工神经网络的第一次复兴变得红火起来。

3.20 世纪 90 年代

进入 20 世纪 90 年代，伴随着各种机器学习算法的"全面开花"，机器学习开始成为计算机视觉，尤其是识别、检测和分类等应用中不可分割的重要工具，各种识别和检测算法迎来了大发展。尤其是人脸识别在这个时期迎来了一个研究的小高潮。各种用来描述图像特征的算子也不停地被发明出来，如耳熟能详的 SIFT 算法就是在 20 世纪 90 年代末被提出的。伴随着计算机视觉在交通和医疗等领域的应用，其他一些的基础视觉研究，如跟踪算法、图像分割等，在这个时期也有了一定的发展。

4.21 世纪

进入 21 世纪之后，计算机视觉俨然已经成为计算机领域的一门大学科。国际计算机视觉与模式识别会议（Computer Vision and Pattern Recognition Conference，CVPR）和国际计算机视觉大会（International Conference on Computer Vision，ICCV）等会议已经是人工智能领域，甚至是整个计算机领域内的大型盛会，甚至出现了一些新的子方向，如计算摄影学等。在传统的方向上基于特征的图像识别成了一个大热门，斯坦福大学的李飞飞教授牵头创立了一个非常庞大的图像数据库 ImageNet。ImageNet 里包含 1400 多万张图像，超过 20 000 个类别。自 2010 年开始，每年举办一次的大规模视觉识别挑战比赛（ImageNet Large Scale Visual Recognition Challenge，ILSVRC），都会以 ImageNet 里 1 000 个子类目的超过 120 万张图片作为数据，参赛者来自世界各国的大学、研究机构和公司，ILSVRC 成了计算机视觉领域最受关注的事件之一。图 1-3 为计算机视觉领域最活跃的主题时间轴。

20 世纪 70 年代	20 世纪 80 年代	20 世纪 90 年代	21 世纪

← 数字图像处理 | 积木世界、线条标注 | 广义圆锥 | 图案结构对应 | 立体视觉 | 本征图像 | 光流 | 由运动到结构 | 图像金字塔处理 | 尺度空间处理 | 由阴影、纹理、变焦到形状 | 基于物理的建模 | 正规化 | 马尔科夫随机场 | 卡尔曼滤波 | 3D 距离数据处理 | 投影不变量 | 因子分解 | 基于物理的视觉 | 图割分割 | 粒子滤波 | 基于能量的分割 | 人脸识别和检测 | 子空间方法 | 基于图像的建模和绘制 | 纹理合成与修补 | 计算摄影学 | 基于特征的识别检测 | NRF 推断算法 | 类属识别检测 | 机器学习 →

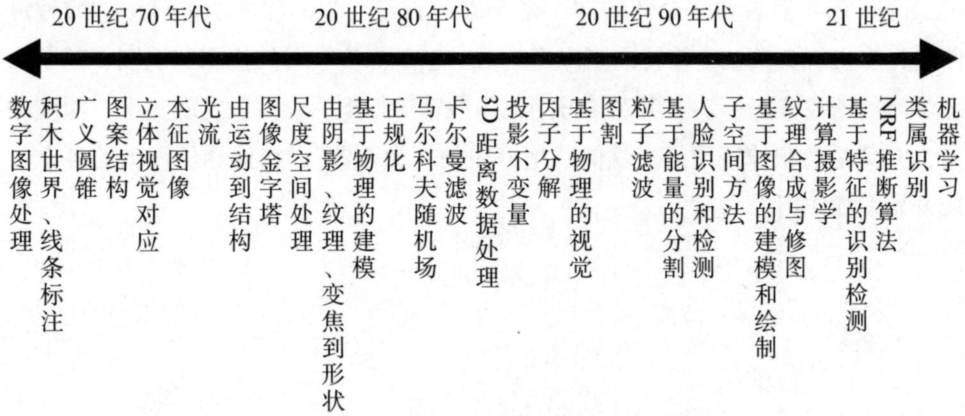

图 1-3 计算机视觉领域最活跃的主题时间轴

第二节　2012 年——计算机视觉发展的新起点

在 ILSVRC 的前两次比赛中，各种"手工设计特征 + 编码 + 支持向量机（support vector machine，SVM）"框架下的算法一直是该项比赛的前几名。ILSVRC 的分类错误率的标准是让算法选出最有可能的 S 个预测，如果有一个是正确的，则算通过，如果都没有预测对，则算错误。2010 年 ILSVRC 的冠军是 NEC 的余凯带领的研究组，错误率是 28%。2011 年施乐欧洲研究中心的小组将这个成绩提高到了 25.7%。

2012 年，Hinton 的小组也参加了竞赛，主力选手是 Hinton 的一名研究生 Alex。在这一年的竞赛中，Alex 提出了一个 5 卷积层 +2 全连接层的卷积神经网络 AlexNet，并利用计算统一设备体系结构（compute unified device architecture，CUDA）给出了实现，这个算法将前 5 类错误率从 25.7% 降到了 15.3%。在之前的竞赛中，哪怕只有一个百分点的提升都是很不错的成绩，而深度学习第一次正式应用在图像分类竞赛就取得了 10 个百分点的改进，并且完胜第二名（26.2%）。这在当时对传统计算机视觉分类算法的冲击是不言而喻的。现在概括起来，当时的改进主要包括更深的网络结构、校正线性单元、Dropout 等方法的应用、图形处理单元（graphics processing unit，GPU）训练网络。

尽管当年许多传统计算机视觉的学者对 AlexNet 抱有种种质疑，如算法难以解释、参数过多（实际上比许多基于 SVM 的办法参数少）等，但自从 2012 年后，ImageNet 的参赛者几乎全体转向了基于卷积神经网络的深度学习算法，或者可以说计算机视觉领域全体转向了深度学习。基于深度学习的检测和识别、基于深度学习的图像分割、基于深度学习的立体视觉等如雨后春笋般发展起来。深度学习，尤其是卷积神经网络，就像一把万能的"大杀器"，在计算机视觉的各个领域开始发挥作用。

第三节　计算机视觉应用

一、安防

安防是最早应用计算机视觉的领域之一。人脸识别和指纹识别在许多国家的公共安全系统里都有应用，公共安全部门拥有真正意义上最大的人脸库和指纹库。常见的应用为利用人脸库和公共摄像头对犯罪嫌疑人进行识别和布控。例如，利用公共摄像头捕捉到的画面，在其中查找可能出现的犯罪嫌疑人，用超分辨率技术对图像进行修复，并自动或辅助人工进行识别以追踪犯罪嫌疑人的踪迹；在身份库中检索犯罪嫌疑人照片以确定犯罪嫌疑人身份；移动检测也是计算机视觉在安防中的重要应用，即利用摄像头监控画面移动，常用于防盗或者劳教所和监狱的监控。

二、交通

提到计算机视觉在交通方面的应用，一些开车的朋友们一定立刻就想到了违章拍照，利用计算机视觉技术对违章车辆的照片进行分析，提取车牌号码并记录在案，这是一项大家熟知的应用。此外，很多停车场和收费站也用到车牌识别。除车牌识别外，还有利用摄像头分析交通拥堵状况或进行隧道桥梁监控等技术，但应用并没有那么广泛。前面说的是道路应用，针对汽车和驾驶的计算机视觉技术也有很多，如行人识别、路牌识别、车辆识别、车距识别，还有更进一步的也是近两年突然火起来的无人驾驶等。关于计算机视觉技术在交通领域的应用虽然有很多研究，但由于算法性能或实施成本等原因，目前真正能在实际应用中发挥作用的仍然不多，交通领域仍是一个有着巨大应用空间的领域。

三、工业生产

工业领域是最早应用计算机视觉技术的领域之一。例如：利用摄像头拍摄的图片对部件长度进行非精密测量；利用识别技术识别工业部件上的缺陷和划痕等；自动识别生产线上的产品并进行分类以筛选不合格产品；通过不同角度的照片重建零部件三维模型。

四、在线购物

除了淘宝和京东的拍照购物功能，计算机视觉在电商领域的应用还有更多。图片信息在电商商品列表中扮演着信息传播最重要的角色，尤其是在手机上。当我们打开购物 App 时，最先最快看到的信息一定是图片。而为了让每一位用户都能看到最干净、有效、赏心悦目的图片，电商背后的计算机视觉就成了非常重要的技术。几乎所有的电商都有违规图片检测的算法，用于检测一些带有违规信息的图片。在移动网络主导的时代，手机 App 的一个页面能展示的图片数量非常有限，如果搜索一个商品返回的结果里有图片重复出现，则是对展示画面的巨大浪费，于是重复图片检测算法发挥了重要的作用。如果有第三方商家在商品页面发布违规或是虚假宣传的文字很容易被检测到，这个时候文字识别就成了保护消费者利益的防火墙。除保护消费者利益外，计算机视觉技术也在电商领域里保护着一些名人的利益，一些精通修图技术的商家常常把明星的脸放到自己的商品广告中，人脸识别便成了打击这些行为的一把利剑。

五、信息检索

搜索引擎可以利用文字描述返回用户想要的信息，图片也可以作为输入来进行信息的检索。最早做图片搜索的是一家老牌网站 TinEye，上传图片就能返回相同或相似的结果。后来随着深度学习在计算机视觉领域的崛起，谷歌和百度等公司也推出了自己的图片搜索引擎，只要上传自己拍摄的照片，就能从返回的结果中找到相关的信息。

六、游戏娱乐

在游戏娱乐领域，计算机视觉技术主要应用于体感游戏，如任天堂公司的 Wii 系列游戏机和索尼公司的 PlayStation 4 游戏机等。在这些游戏设备上会用到一种特殊的深度摄像头，用于返回场景到摄像头距离的信息，从而进行三维重建或辅助识别，这种办法比常见的双目视觉技术更加可靠实用。此外就是手势识别、人脸识别、人体姿态识别等技术，用来接收玩家指令或与玩家互动。

七、摄影摄像

数码相机诞生后，计算机视觉技术就开始应用于消费类电子产品中的照相机和摄像机上。最常见的就是人脸识别，尤其是笑脸识别，不需要再喊"茄子"，只要露出微笑，照相机就会捕捉下美好的瞬间。新手照相也不用担心对焦不准，照相机会自动识别出人脸并对焦。手抖的问题也在机械技术和视觉技术结合的手段下，得到了一定程度上的控制。近些年一个新的计算机视觉子学科——计算摄影学的崛起，也给消费电子领域带来了新产品——光场相机。有了光场相机，拍照时甚至不需要对焦，拍完之后回家慢慢选对焦点，可以一次捕捉聚焦到任何一个距离上的画面。除图像的获取外，图像的后期处理也有很多计算机视觉技术的应用，如 Photoshop 中的图像分割技术和抠图技术，高动态范围技术用于美化照片，利用图像拼接算法创建全景照片等。

八、机器人和无人机

机器人和无人机主要利用计算机视觉技术与环境发生互动，如教育机器人或玩具机器人利用人脸识别和物体识别对用户和场景做出相应的反应。用于测量勘探的无人机利用计算机视觉技术可以在很低成本下采集海量的图片进行三维地形重建；用于自动物流的无人机利用计算机视觉技术识别降落地点，或者辅助进行路线规划；用于拍摄的无人机，利用计算机视觉技术可以进行目标追踪和距离判断等，以辅助飞行控制系统做出精确的动作，完成跟踪拍摄或自拍等。

九、体育

高速摄像系统已经普遍用于竞技体育中。球类运动中结合时间数据和计算机视觉技术可以进行进球判断、落点判断、出界判断等。基于视觉技术对人体动作进行捕捉和分析也是一个活跃的研究方向。

十、医疗

在医疗领域中，医学影像是一个非常活跃的研究方向，各种影像和视觉技术在这个领域中的作用都至关重要。计算断层成像（computed tomography，CT）和磁共振成像（magnetic resonance imaging，MRI）中的重建三维图像和三维表面渲染都利用了一些计算机视觉的基础手段。细胞识别和肿瘤识别用于辅助诊断，一些细胞或者体液中小型颗粒物的识别，还可以用来量化分析血液或其他体液中的指标。在医学影像领域有一个非常有影响力的国际医学影像计算与计算机辅助介入会议（International Conference on Medical Image Computing and Computer Assisted Intervention，MICCAI），每年的会议上都会有许多计算机视觉技术在医学领域应用的创新。

第四节　GPU 与并行技术是深度学习和计算机视觉发展的加速器

深度学习的概念其实很早便有了，但早期由于多种原因制约了其发展，其中一个很重要的方面就是计算能力的限制。与其他许多传统的机器学习方法相比，深度神经网络本身就是一个消耗计算量的大户。由于多层神经网络本身极强的表达能力，对数据量也提出了很高的要求。如图1-4所示，一个普遍被接受的观点是，深度学习在数据量较少时，与传统算法差别不大，甚至有时候传统算法更胜一筹。而在数据量持续增加的情况下，传统的算法往往会出现性能上的饱和，而深度学习则会随着数据的增加持续提高性能。所以大数据和深度神经网络的碰撞才擦出了今天深度学习的火花，而大数据提高了对计算能力的需求。在 GPU 被广泛应用到深度学习训练之前，计算能力的低下限制了对算法的探索和实验，以及在海量数据上进行训练的可行性。

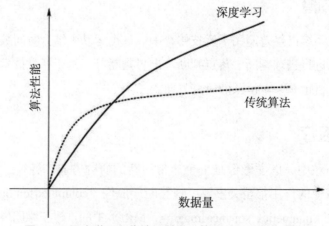

图1-4　深度学习和传统机器学习算法对数据的依赖关系

从 20 世纪 80 年代开始，人们就开始使用专门的运算单元负责对三维模型形成的图像进行渲染。不过直到 1999 年 NVIDIA 发布 GeForce 256 时，才正式提出了 GPU 的概念。在早期的 GPU 中，显卡的作用主要是渲染，但因为很强的并行处理能力和少逻辑重计算的属性，从 2000 年开始就有不少科研人员开始尝试用 GPU 来加速通用高密度、大吞吐量的计算任务。2001 年，通用图形处理器（general purpose graphic processing unit，GPGPU）的概念被正式提出。2002 年，多伦多大学的 James Fung 等发布了 *OpenVIDIA : Parallel GPU Computer Vision* 一文，利用 GPU 在一定程度上实现了计算机视觉库的加速，这是第一次正式将 GPU 用于渲染之外。到了 2006 年，NVIDIA 推出了利用 GPU 进行通用计算的平台 CUDA，让开发者不用再与着色器和开放式图形库打交道，而更专注于计算逻辑的实现。这时，GPU 无论是在带宽还是浮点运算能力都已经接近同时期 CPU 能力的 10 倍，而 CUDA 的推出迅速降低了 GPU 编程的门槛，于是 CUDA 很快就流行开并成为 GPU 通用计算的主流框架。深度学习诞生后，鉴于科研界对 GPU 计算的一贯偏爱，自然开始有人利用 GPU 进行深度网络的训练。之后 GPU 助 Alex 一战成名，同时也成为训练深度神经网络的标配。

除 NVIDIA 公司外，ATI 公司也是 GPU 大厂商，后被 AMD 收购。事实上 ATI 公司在 GPU 通用计算领域的探索比 NVIDIA 公司还早，但也许是因为投入程度不够或其他原因，被 NVIDIA 公司占尽先机，尤其是后来在深度学习领域。

了解 GPU 领域的风云变幻后，接下来看一些实际的问题：如何选购一块用于深度学习的 GPU？一提到用于深度学习的 GPU，很多人立刻会想到 NVIDIA 的 Tesla 系列。实际上根据使用场景和预算的不同，选择是可以很多样化的。NVIDIA 主要有 3 个系列的显卡、GeForce、Quadro 和 Tesla。GeForce 面向游戏，Quadro 面向 3D 设计、专业图像和 CAD 等，而 Tesla 则是面向科学计算。

Tesla 从诞生之初就瞄准高精度科学运算。所以从严格意义上来说 Tesla 不是显卡，而是计算加速卡。由于 Tesla 开始面向的主要是高性能计算，尤其是科学计算，在许多科学计算领域（如大气等物理过程的模拟中）对精度的要求非常高，所以 Tesla 设计的双精度浮点数的能力比 GeForce 系列强很多。例如：GTX Titan 和 K40 两块卡，GTX Titan 的单精度浮点数运算能力是 K40 的 1.5 倍，但是双精度浮点数运算能力却不到 K40 的 15%。不过从深度学习的角度来看，双精度显得不是那么必要，如经典的 AlexNet 就是两块 GTX 580 训练出来的。所以，从 2016 年开始，NVIDIA 也在 Tesla 系列里推出了 M 系列加速卡，专门针对深度学习进行了优化，并且牺牲双精度运算能力而大幅提升了单精度运算的性能。前面也提到了除精度外，Tesla 主要面向工作站和服务器，所以稳定性特别好，同时也会有很多针对服务器的优化，如高端的 Tesla 卡上的 GPUDirect 技术可以支持远程直接内存访问（remote direct memory access，RDMA），用来提升节点之间数据交互的效率。当然，Tesla 系列的价格也更加昂贵。

综上所述，如果在大规模集群上进行深度学习研发和部署，Tesla 系列是首选，尤其是 M 子系列和 P 子系列是不二之选。如果在单机上开发，要追求稳定性就选择 Tesla。而最有性价比且能兼顾日常使用的选择则是 GeForce。

第五节　基于卷积神经网络的计算机视觉应用

与计算机关联最紧密的深度学习技术是卷积神经网络。本节列举一些卷积神经网络发挥重要作用的计算机视觉的研究方向。

一、图像分类

图像分类，顾名思义，是一个输入图像，输出对该图像内容分类的描述的问题。它是计算机视觉的核心，实际应用广泛。

图像分类的传统方法是特征描述及检测，这类传统方法对于一些简单的图像分类可能是有效的，但由于实际情况非常复杂，传统的分类方法不堪重负。现在，我们不再试图用代码来描述每一个图像类别，转而使用机器学习的方法处理图像分类问题。处理图像分类的主要任务是给定一个输入图片，将其指派到一个已知的混合类别中的某一个标签。当前不管是最开始的 MNIST 数字手写体识别，还是后来的 ImageNet 数据集，基于深度学习的图像分类在特定任务上早就超过了人的平均技术水平。本书第五章对图像分类任务的主流方法作了详细介绍。

二、物体检测

物体检测和图像分类差不多，也是计算机视觉里最基础的两个方向。它与图像分类的侧重点不同，物体检测要稍微复杂一些，它关心的是什么东西出现在了什么地方及其相关属性，是一种更强的信息。如图 1-5 所示，经过物体检测，我们得到的信息不仅是照片中包含车辆和人等，还得到了每一样检测到的类别的多种信息，以方框的形式展现出来。

图1-5 物体检测示例

与图像分类相比，物体检测传达信息的能力更强。例如，要对猫和狗的图片进行分类，如果图像中既有猫又有狗该怎么分类呢？这时候如果用图像分类，则是一个多标签分类问题；如果用物体检测，则物体检测会进一步告诉我们猫在哪儿，狗在哪儿。在物体检测领域以基于 region proposal 的 R-CNN 及后续的衍生算法，以及基于直接回归的 YOLO/SSD 一系的算法为代表。这两类算法都是基于卷积神经网络，不仅仅是借助深度网络强大的图像特征提取和分类能力，还要用到神经网络的回归能力。

三、人脸识别

在计算机视觉应用里人脸识别的研究历史悠久。与我们的生活紧密相关的应用有两个方面：第一个是检测图像中是否存在人脸，这个应用与物体检测很像，主要用于数码相机中对人脸的检测，网络或手机相册中对人脸的提取等；第二个是人脸匹配，有了第一个方面或是用其他手段把人脸部分找到后，人脸的匹配才是一个更主流的应用。人脸匹配的主要思想是把要进行比对的两张人脸之间的相似度计算出来。传统的计算相似度的方法称为度量学习。其基本思想是，通过变换让变换后的空间中定义为相似的样本距离更近，不相似的样本距离更远。基于深度学习也有相应的方法，比较有代表性的是 Siamese 网络和 Triplet 网络，当然广义上来说都可以算是度量学习。有了这种度量，可以进一步判断是否是一个人。这就是身份辨识，广泛用于罪犯身份确认、银行卡开卡等。

人脸领域最流行的测试基准数据是无约束自然场景人脸识别数据集（labeled faces in the wild，LFW），顾名思义就是从实拍照片中标注的人脸。该图片库由美国麻省理工学院开发，包含13 000多张图片，其中有1 680人的脸出现了两次或两次以上，图1-6为LFW数据库图片示例。在这个数据上，人类判断两张脸的图像是否是同一人的能达到的准确率为99.2%。而在2014年这个记录已经被各种基于深度学习的方法打破。虽然这未必真的代表深度学习胜过了人类，但基于深度学习的人脸算法让相关应用的可用性大大提高。如今人脸识别相关的商业应用已经遍地开花。

图1-6　LFW数据库图片示例

四、图像搜索

狭义来说，图像搜索还有个比较学术的名字，即基于内容的图像检索（content-based image retrieval，CBIR）。图像搜索是个比较复杂的领域，除单纯的图像算法外，还带有搜索和海量数据处理的属性。其中图像部分背后的重要思想之一与人脸识别中提到的度量学习很像，也是要找到与被搜图像的某种度量最近的图片。最常见的应用有谷歌的 Reverse Image Search 和百度的识图功能、京东和淘宝的拍照购物及相似款推荐等。深度学习在其中的作用主要是把图像转换为一种更适合搜索的表达，并且考虑到图像搜索应用场景和海量数据，这个表达常常会二值化处理，以达到更高的检索或排序效率。

五、图像分割

图像分割是比较传统的视觉应用，指的是以像素为单位将图像划分为不同部分，这些部分代表着不同的兴趣区域。如图 1-7 所示，经过图像分割后，各个物体在画面中所占的像素被标了出来，与背景有了区分。

图 1-7　图像分割示例

传统的图像分割算法五花八门，如基于梯度和动态规划路径的 intelligent scissors（Photoshop 中的磁力套索）；利用高一维空间的超曲面解决当前空间轮廓的水平集（level set）方法；直接聚类的 K 均值聚类算法；后期很流行的基于能量最小化的 graph cut 和 grab cut 算法；条件随机场（conditional random field，CRF），等等。

后来深度学习出现了，与传统方法相比，深度学习未必能做到很精细的像素级分割。但是因为深度学习具有能学到大量样本中的图像语义信息的天然优势，这更贴近于人对图像的理解，所以分割的结果可用性通常也更好一些。常见的基于深度学习的图像分割手段是全卷积神经网络（fully convolutional networks，FCN）。Facebook 的人工智能实验室于 2016 年发布了一套用于分割和物体检测的框架。其构成是一个大体分割出物体区域的网络 DeepMask，加上利用浅层图像信息精细图像分割的 SharpMask，再加上一个 MultiPathNet 模块，进行物体检测。其实在这背后也体现出学界和业界开始慢慢流行起的另一个很底层的思想：图像分割和物体检测背后其实是一回事，不应该分开研究，图像分割传达的是比物体检测更进一步的信息。

六、视频分析

因为与图像的紧密联系，视频当然少不了深度学习的方法。深度学习在图像分类任务上大显身手之后，其在视频分析方面的研究立刻就发展起来，比较有代表性的工作从 2014 年起相继出现。2014 年的 CVPR 上，斯坦福大学的李飞飞工作组发表了一篇视频识别的论文。其基本思路是用视频中的多帧作为输入，再通过不同的顺序和方式将多帧信息进行融合。其方法并没什么特别出彩的地方，但随着论文发布了 Sports-1M 数据集，包含了 Youtube 上 487 类共计 113 万个体育视频，是目前最大的视频分类数据集。

在 2014 年的 *Neural Information Processing Systems* 上，牛津大学传统视觉强组 VGG 发表了一篇更经典的关于视频分析的文章，将图像的空间信息，也就是画面信息，用一个称为 Spatial Stream ConvNet 的网络处理，而视频中帧与帧之间的时序信息用另一个称为 Temporal Stream ConvNet 的网络处理，最后进行合并，称为 Two Streams，直译就是二流法。这个方法后来被改来改去，发展出了更深网络的双流法，以及更炫的合并方式的双流法，甚至是除双流外还加入音频流的三流法。不过影响最大的改进还是马里兰大学和谷歌的一篇论文，研究中对时序信息进行了处理和改进，加入了长短期记忆网络（long short-term memory，LSTM）和改进版二流合并的方法，成了主流框架之一。

因为视频有时间维度，所以还有一个很自然的想法是用三维卷积去处理视频帧，这样自然能将时序信息包括进来，这也是一个流行的思路。

七、生成对抗网络

深度学习包括监督学习、非监督学习和半监督学习。生成对抗网络（generative adversarial nets，GANs）已经成为非监督学习中一种重要的方法，与自动编码器和自回归模型等非监督学习方法相比，GANs 具有能充分拟合数据、速度较快、生成样本更锐利等优点。GANs 模型的理论研究进展迅速，原始 GANs 模型通过 minimax 最优化进行模型训练；条件生成对抗网络（CGAN）为了防止训练崩塌将前置条件加入输入数据；深层卷积生成对抗网络（DCGAN）提出了能稳定训练的网络结构，更易于工程实现；信息生成对抗网络（InfoGAN）通过隐变量控制语义变化；EBGAN 从能量模型角度给出了解释；Improved GAN 提出了使模型训练稳定的五条经验；WGAN 定义了明确的损失函数，对 G&D 的距离给出了数学定义，较好地解决了训练崩塌问题。GANs 模型在图片生成、图像修补、图片去噪、图片超分辨、草稿图复原、图片上色、视频预测、文字生成图片、自然语言处理和水下图像实时色彩校正等方面有广泛的应用。

八、图像描述

图像描述（image caption）任务是结合 CV 和 NLP 两个领域的一种比较综合的任务，image caption 模型输入的是一幅图像，输出的是对该幅图像进行描述的一段文字。这项任务要求模型可以识别图片中的物体、理解物体之间的关系，并用一句自然语言表达出来。应用场景举例：用户在拍了一张照片后，利用图像描述技术可以为其匹配合适的文字，方便以后检索或省去用户手动配字；此外它还可以帮助视觉障碍者去理解图像内容。类似的任务还有视频描述，输入的是一段视频，输出的是对视频的描述。

其他应用：除上面提到的这些应用外，传统图像和视觉领域里很多方向现在都有了基于深度学习的解决方案，包括视觉问答、图像深度（立体）信息提取等。

第二章　图像的形成

　　图像的形成主要研究从三维场景到二维图像的形成过程，其中涉及视觉传感器（相机）的性质。从几何角度来说，包括相机模型和镜头；从物理角度来说，包括焦距和传感器的动态范围。此外，场景的性质，包括场景中的光照，场景的材质和颜色，运动以及形状等也会对所形成的图像有很大的影响。本章主要研究相机模型和场景性质对图像形成的影响。

第一节　成像几何学

　　成像几何学是研究在成像过程中，场景中的一点在图像上的投影点的坐标确定原因的学科。成像几何学涉及相机的成像模型和坐标系之间的转换问题。

一、成像模型

　　相机的成像模型包括透视投影、弱透视投影和正交投影等。其中，透视投影是比较常用的成像模型。

　　针孔成像模型是一种被广泛使用的透视投影模型。在针孔成像模型中，相机可以被看作是一个盒子，其中一面上有一个小孔。场景中的光线通过小孔到达盒子背面的成像平面上，形成一个倒立的像，如图 2-1 所示。在理想情况下，即小孔足够小，只允许一条光线通过的情况，成像平面上的每个点只能接收到一个方向上照射过来的光线，即只能接收该成像点与小孔连线方向上的光线。有时为了方便，也会使用小孔前面的一个虚拟成像平面来描述成像过程。

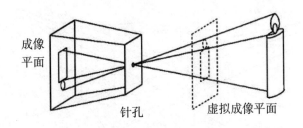

图 2-1　针孔成像模型

针孔成像模型中所成的像具有以下两个特点：

（1）远小近大。

远小近大的意思即距离摄像机较远的物体所成的像比较小，而距离摄像机较近的物体所成的像则比较大。如图 2-2 所示：场景中的物体 B 比物体 C 大，而物体 B 距离相机比物体 C 远，最终物体 B 和物体 C 在成像平面上所成的像具有相同的大小；物体 A 与物体 C 大小相同，而物体 A 距离相机比物体 C 远，物体 A 所成的像比物体 C 所成的像小。

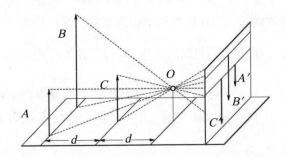

图 2-2　透视投影所成的像具有远小近大的特点

（2）平行线相交。

在现实世界中，两条平行线是不会相交的，但是在针孔模型下所成的像中，两条平行线会相交在无穷远点。一组平行线确定了一个方向，同一方向的平行线相交于同一点，而在一个平面上的不同方向的平行线相交于不同的点，但这些交点位于同一条直线上，则该直线为这个平面的地平线。透视投影下平行线的相交如图 2-3 所示。

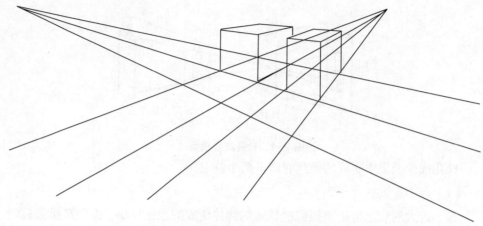

图2-3 透视投影下平行线的相交

图2-4为针孔模型的成像过程。以摄像机光心为坐标系的原点，经过光心垂直于成像平面的直线为k轴，i轴和j轴所形成的平面与成像平面平行来建立摄像机坐标系。需要注意的是，如果改变了坐标系，那么下述成像过程将不再成立。设P为场景中的一点，其在摄像机坐标系下的三维坐标为(x, y, z)。P'为P点在成像平面上所成的像，其在摄像机坐标系下的三维坐标为(x', y', z')。f为摄像机的焦距。根据相似三角形的性质，可以得到$(x, y, z) \to (\frac{fx}{z}, \frac{fy}{z}, f)$，由于成像平面上的点的$z$坐标都相同，均为$f$（如果改变参考坐标系，那么这一条可能就不再成立），因此可以略去第三维的坐标，得到式（2-1）：

$$(x, y, z) \to (\frac{fx}{z}, \frac{fy}{z}) \tag{2-1}$$

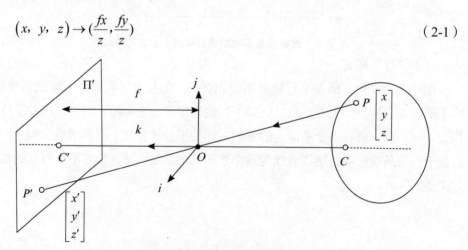

图2-4 针孔模型的成像过程

图2-5所示的成像过程是使用笛卡儿坐标来表示的。用笛卡儿坐标（欧式坐

标）来描述二维和三维几何非常合适，但是笛卡儿坐标却不适合处理透视空间的问题。例如，二维平面上的点的笛卡儿坐标可以表示为（x，y）。如果该点位于无穷远处，这个点的坐标将是（∞，∞）。在欧氏空间中，这种表示无法区分不同的无穷远点。设二维平面上一点的坐标为（1，2），沿着原点（0，0）与点（1，2）的连线所形成的方向向无穷远处移动，所得到的无穷远点的坐标为（∞，∞）。设平面上另一点的坐标为（1，3），沿着原点（0，0）与点（1，3）的连线所形成的方向向无穷远处移动，所得到的无穷远点的坐标依然是（∞，∞）。不同组的平行线相交于不同的无穷远点，但是由于在欧式坐标下，这些无穷远点的坐标都一样，因此无法区分不同的无穷远点。数学家们发明了一种方式来解决这个问题，即使用齐次坐标。

简单来说，齐次坐标就是用 $N+1$ 维的坐标来代表 N 维空间中的点。可以在一个二维笛卡儿坐标后面加上一个额外的变量 w 来形成二维齐次坐标，即一个二维点（X，Y），使用齐次坐标表示就是（x，y，w），并且有 $X = \dfrac{x}{w}$，$Y = \dfrac{y}{w}$。例如，笛卡儿坐标系中点（1，2）的齐次坐标可以表示为（1，2，1）。如果点（1，2）沿着原点（0，0）与该点的连线所形成的方向移动到无限远处，那么使用齐次坐标可以表示为（1，2，0）。由于（1/0，2/0）＝（∞，∞），而点（1，3）沿着原点（0，0）与该点的连线所形成的方向移动到无限远处，使用齐次坐标可以表示为（1，3，0），因此，可以使用齐次坐标来描述不同的无穷远点。

对于齐次坐标来说，$k \times (X, Y, Z)$ 与 (X, Y, Z) 是等价的，同样，$k \times (X, Y, Z, T)$ 与 (X, Y, Z, T) 也是等价的。使用齐次坐标的另一个好处是可以将式（2-1）描述的成像过程用矩阵方式来表示，见式（2-2），这样便于后续的表示和计算。

$$
\begin{pmatrix} U \\ V \\ W \end{pmatrix} = \begin{pmatrix} 1 & 0 & 0 & 0 \\ 0 & 1 & 0 & 0 \\ 0 & 0 & 1/f & 0 \end{pmatrix} \begin{pmatrix} X \\ Y \\ Z \\ T \end{pmatrix}
\tag{2-2}
$$

式中（X，Y，Z，T）为三维场景中一点的齐次坐标，（U，V，W）为二维图像中一点（省略了第三维坐标）的齐次坐标。

上述成像过程是在摄像机坐标系下进行的，而在实际应用中，往往需要在一个公共参考坐标系下进行。例如，当使用两台相机拍摄场景的两幅图像来恢复场景的三维信息时，需要联立两个成像公式来求出场景点的三维坐标：

$$\begin{cases} p_1 = M_1 P_1 & \text{①} \\ p_2 = M_2 P_2 & \text{②} \end{cases} \qquad\qquad (2\text{-}3)$$

式中，P_1 和 P_2 分别为场景中的点 P 在摄像机 1 和摄像机 2 坐标系下的坐标；p_1 和 p_2 为点 p 在图像 1 和图像 2 上所成的像的坐标；M_1，M_2 为式（2-2）中的 3×4 的投影矩阵。如果已知图像上点的坐标 p_1，p_2，投影矩阵 M_1，M_2，并且 $P_1 = P_2$，即在同一个坐标系中描述成像过程，就可以联立式（2-3）中的两个公式来求出点 P 的三维坐标。

若每台相机的成像公式都是在其各自的摄像机坐标系下进行的，则场景点 P 在相机 1 坐标系下的三维坐标和其在相机 2 坐标系下的三维坐标是不同的，即 $P_1 \neq P_2$，无法联立式（2-3）中的两个成像公式来求出场景点的三维坐标。

因此，研究相机的成像过程一般在一个公共参考坐标系中进行。这个参考坐标系被称为世界坐标系。世界坐标系不但可以任意进行设定，而且也可以设定为与摄像机坐标系重合。例如，在上面的例子中，可以将世界坐标系设定为相机 1 的坐标系。此时，对于相机 2 来说，就要在世界坐标系（相机 1 的坐标系）中来进行成像了。

当相机坐标系与世界坐标系不同时，可以通过旋转 R 和平移 T（即相机的外部参数）来将相机坐标系与世界坐标系对齐。相机的内部参数包括焦距、主点和纵横比等。

针孔成像模型是一种透视投影模型，比较符合实际成像的过程并被广泛应用。另外两种成像模型为弱透视投影模型和正交投影模型。弱透视投影模型适用于场景近似一个平面且距离摄像机较远的情况，是对实际成像过程的一种粗略近似；而正交投影模型使用平行于光轴的光将场景投影到图像平面上。弱透视投影和正交投影的成像过程分别如图 2-5 和图 2-6 所示。

针孔相机的孔径（即小孔的大小）对成像的效果有着很大的影响。当孔径过小时，会发生衍射现象（光波遇到障碍物时偏离原来的方向进行传播的物理现象），使所成的像变得模糊；当孔径过大时，到达成像平面上某一点的光线是由多个方向的光叠加在一起形成的，也会使所成的像变得模糊。孔径大小对成像的影响如图 2-7 所示。总的来说，针孔相机所成的像都是比较暗的，这是因为只有少量的光线可以到达该点。而使用镜头可以使图像上的一点收集其对应的场景中的点发出的更多的光线，从而使所成的像比较明亮。镜头的效果如图 2-8 所示。

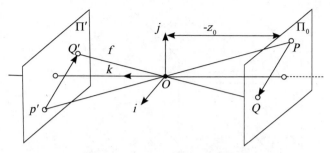

图 2-5　弱透视投影的成像过程

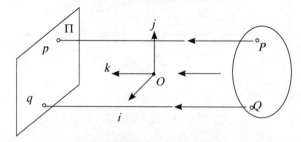

图 2-6　正交投影的成像过程

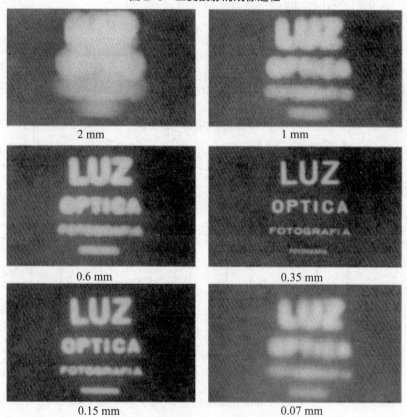

图 2-7　孔径大小对成像效果的影响

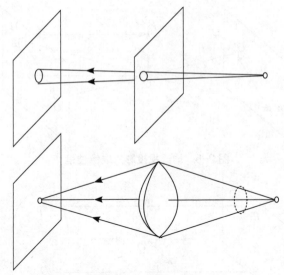

图 2-8　镜头的效果

二、摄像机参数

　　首先介绍四个坐标系，即世界坐标系（world coordinate system，WCS）、摄像机坐标系（camera coordinate system，CCS）、图像坐标系（image coordinate system，ICS）和像素坐标系（pixel coordinate system，PCS），如图 2-9 所示。

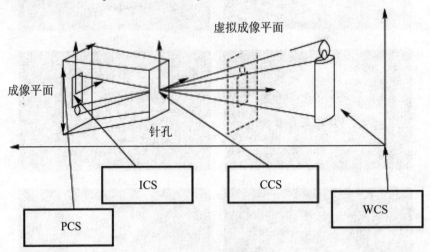

图 2-9　四个坐标系

　　其中，世界坐标系可以任意设定。摄像机坐标系以摄像机光心作为坐标系的原点，经过光心垂直于成像平面的直线（光轴）作为 k 轴，i 轴和 j 轴所形成的平面与成像平面平行。图像坐标系以摄像机光轴与成像平面的交点为原点，i 轴

和 j 轴与摄像机坐标系的 i 轴和 j 轴平行。像素坐标系一般以成像平面的左上角为原点。

成像过程实际上就是将场景中某一点在世界坐标系中的坐标 $(X,\ Y,\ Z)$ 转换到像素坐标系中的像素坐标 $(u,\ v)$ 的过程。上节中介绍过的针孔模型的成像过程其实就是从摄像机坐标系到图像坐标系的转换。设 P 为场景中一点，其在摄像机坐标系下的坐标为 $(x,\ y,\ z)$，则 P 通过针孔成像模型所成的像在图像坐标系中的坐标 $(m,\ n)$ 可以通过式（2-1）得到，即

$$m = \frac{fx}{z},\ n = \frac{fy}{z} \tag{2-4}$$

图像坐标系其实也是一个三维坐标系，只不过图像坐标系中的所有点的第三维坐标都相同，因此省略了第三维坐标。图像坐标系是用物理单位来衡量的，如米或厘米，而像素坐标系是用像素来衡量的。图像坐标系的原点为摄像机坐标系的 k 轴与图像的交点，而像素坐标系的原点一般在图像的左上角。处理图像时一般都是使用像素来测量图像上一点的坐标，因此，需要从图像坐标系转换到像素坐标系。转换时首先考虑偏移。设摄像机坐标系的 k 轴与图像交点的像素坐标为 $(c_x,\ c_y)$，则 P 点 $(x,\ y,\ z)$ 所成的像在像素坐标系中的坐标为

$$(x,\ y,\ z) \rightarrow (\frac{fx}{z} + c_x, \frac{fy}{z} + c_y) \tag{2-5}$$

即图像坐标系上的 $(0,\ 0)$ 点对应像素坐标系中的 $(c_x,\ c_y)$。此外，可以将物理单位与像素单位进行转换：

$$(x,\ y,\ z) \rightarrow (f_k \frac{x}{z} + c_x,\ f_l \frac{y}{z} + c_y) \tag{2-6}$$

式中，k 表示水平方向上单位距离内像素个数，单位是 pixel/m，l 表示垂直方向上单位距离内像素的个数，单位是 pixel/m，焦距的单位是 m。正方形的像素，k 与 l 的值相同。假设 $k = \frac{1}{1\,000}$，则表示水平和垂直方向上每米包含 1 000 个像素，而图像坐标系上的 $(l,\ l)$，则对应于像素坐标系上的（1 000，1 000）。

使用 α 和 β 来表示 f_k 和 f_l，可得：

$$(x,\ y,\ z) \rightarrow (\frac{\alpha x}{z} + c_x, \frac{\beta y}{z} + c_y) \tag{2-7}$$

此外，当像素坐标系中的行和列的夹角不是 90° 时，可以用倾斜因子 s 来表

示，从而得到摄像机的内参数矩阵为

$$\boldsymbol{K} = \begin{pmatrix} \alpha & s & c_x \\ 0 & \beta & c_y \\ 0 & 0 & 1 \end{pmatrix} \tag{2-8}$$

使用摄像机的内参数矩阵，可以实现从图像坐标系到像素坐标系的转换。

若要实现从世界坐标系到摄像机坐标系的转换，则可以通过旋转 R 和平移 T 来实现，整个成像过程可以表示为

$$P'_{3\times1} = \boldsymbol{M}P_w = \boldsymbol{K}_{3\times3}(R \quad T)_{3\times4}P_{w4\times1} \tag{2-9}$$

式中，K 为摄像机的内参数矩阵；R 和 T 为摄像机的外参数；M 为 3×4 的投影矩阵，$P_{w4\times1}$ 为空间中点 P 在世界坐标系中的齐次坐标，$P'_{3\times1}$ 为点 P 所成的像在像素坐标系中的齐次坐标。

三、摄像机标定

摄像机标定即求出摄像机内外参数的过程。摄像机标定可以分为使用标定物的传统标定方法和不使用标定物、仅根据场景中的信息进行标定的自标定方法，以及基于摄像机特定运动的主动视觉方法。

（一）直接线性变换方法

使用标定物的传统标定方法是使用精确的已知形状和大小的三维标定装置来进行的。将标定装置放置在摄像机的视场中，通过标定装置上已知的三维点坐标和图像上对应的特征点的像素坐标之间的对应关系来求出摄像机的投影矩阵，进而求出摄像机的内外参数，如图 2-10 所示。若以标定物的一个顶点为世界坐标系的原点建立世界坐标系，则可以准确地得知标定物上各点在世界坐标系下的坐标。拍摄图像后，可得图像上各点的像素坐标，从而通过式（2-9）来求出摄像机的投影矩阵，进而求出摄像机的内外参数。

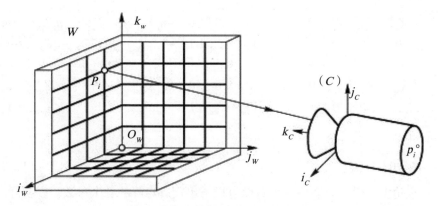

图 2-10 使用标定物的摄像机标定法

最直接的标定方法是直接线性变换（direct linear transformation，DLT）方法。设空间中的某一点 (X_w, Y_w, Z_w) 投影到图像平面所成的像的像素坐标为 (u, v)，则其成像过程为

$$s\begin{pmatrix} u \\ v \\ 1 \end{pmatrix} = \boldsymbol{K}\begin{pmatrix} R & T \end{pmatrix}\begin{pmatrix} X_w \\ Y_w \\ Z_w \\ 1 \end{pmatrix} = P_{3\times4}\begin{pmatrix} X_w \\ Y_w \\ Z_w \\ 1 \end{pmatrix} \qquad (2\text{-}10)$$

未知的尺度因子 s 是由于把空间点在世界坐标系中的齐次坐标的最后一维设为 1，把其所成的像在像素坐标系下的齐次坐标的最后一维也设为 1 引出的。将方程展开，可得：

$$\begin{aligned} su &= p_{11}X_w + p_{12}Y_w + p_{13}Z_w + p_{14} \\ sv &= p_{21}X_w + p_{22}Y_w + p_{23}Z_w + p_{24} \\ s &= p_{31}X_w + p_{32}Y_w + p_{33}Z_w + p_{34} \end{aligned} \qquad (2\text{-}11)$$

经过推导可得：

$$\begin{cases} p_{11}X_w + p_{12}Y_w + p_{13}Z_w + p_{14} - (p_{31}X_w + p_{32}Y_w + p_{33}Z_w + p_{34})u = 0 & ① \\ p_{21}X_w + p_{22}Y_w + p_{23}Z_w + p_{24} - (p_{31}X_w + p_{32}Y_w + p_{33}Z_w + p_{34})u = 0 & ② \end{cases} \qquad (2\text{-}12)$$

已知一个空间点的世界坐标和其对应的像素坐标，可以建立如式（2-12）中的两个方程，当已知 N 个点时，可以建立 $2N$ 个方程，从而可以求出投影矩阵。设 $\boldsymbol{L}$ 为 12×1 的矢量，有：

$$[p_{11},\ p_{12},\ p_{13},\ p_{14},\ p_{21},\ p_{22},\ p_{23},\ p_{24},\ p_{31},\ p_{32},\ p_{33},\ p_{34}]^T$$

设 $\boldsymbol{A}$ 为 $2N \times 12$ 的矩阵，形式为

$$\begin{matrix} X_{w1} & Y_{w1} & Z_{w1} & 1 & 0 & 0 & 0 & 0 & -u_1 X_{w1} & -u_1 Y_{w1} & -u_1 Z_{w1} & -u_1 \\ 0 & 0 & 0 & 0 & X_{w1} & Y_{w1} & Z_{w1} & 1 & -v_1 X_{w1} & -v_1 Y_{w1} & -v_1 Z_{w1} & -v_1 \\ \vdots & \vdots & \vdots & \vdots & \vdots & \vdots & \vdots & \vdots & \vdots & \vdots & \vdots & \vdots \\ X_{wn} & Y_{wn} & Z_{wn} & 1 & 0 & 0 & 0 & 0 & -u_n X_{wn} & -u_n Y_{wn} & -u_n Z_{wn} & -u_n \\ 0 & 0 & 0 & 0 & X_{wn} & Y_{wn} & Z_{wn} & 1 & -v_n X_{wn} & -v_n Y_{wn} & -v_n Z_{wn} & -v_n \end{matrix}$$

可得：

$$AL = 0 \tag{2-13}$$

从理论上来说，只需要 6 个点就可以解出投影矩阵的各个参数。在实际应用时，一般是通过使用更多的点，通过优化的方法得到更加精确的计算结果。得到投影矩阵后，可以分解投影矩阵获取摄像机的内外参数。

（二）基于平面约束的标定方法

直接线性标定方法的缺点是需要特定的标定物，而这种标定物往往比较昂贵，而且不便于使用。为此，张正友提出了一种基于平面约束的标定方法，即平面标定方法，只需使用打印在纸上的棋盘格图像作为标定板即可实现相机的标定。张正友的平面标定方法是介于传统标定方法和自标定方法之间的一种方法，它既没有传统标定方法对标定物的精度要求高、操作烦琐等缺点，又可以获得比自标定方法更高的精度，符合办公和家庭使用的桌面视觉系统的标定要求。图2-11 为在不同位置和不同视角下拍摄的 20 幅棋盘格图像。

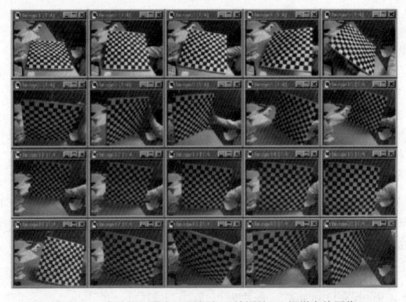

图 2-11　在不同位置和不同视角下拍摄的 20 幅棋盘格图像

假设标定板平面在世界坐标系 $Z = 0$ 的平面上，则

$$s \begin{pmatrix} u \\ v \\ 1 \end{pmatrix} = \boldsymbol{K} \begin{bmatrix} r_1 & r_2 & r_3 & t \end{bmatrix} \begin{pmatrix} X \\ Y \\ 0 \\ 1 \end{pmatrix} = \boldsymbol{K} \begin{bmatrix} r_1 & r_1 & t \end{bmatrix} \begin{pmatrix} X \\ Y \\ 1 \end{pmatrix} \qquad (2\text{-}14)$$

式中，(u, v) 为像素坐标；(X, Y, Z) 为世界坐标系中的坐标。使用棋盘格上各个方格的顶点作为标定时使用的点。这些顶点的坐标可以通过测量得到，每个方格的大小是相同的，仅需测量方格的大小。选择棋盘格的左上角（右下角）作为世界坐标系的原点，并使世界坐标系的 x 轴和 y 轴与棋盘格的水平和垂直方向平行，就可以通过计算得到方格每个顶点在世界坐标系中的坐标。方格顶点所成的像的像素坐标可以通过检测角点或者直线的交点来获得。令

$$\boldsymbol{H} = (h_1 \quad h_2 \quad h_3) = \lambda \boldsymbol{K}(r_1 \quad r_2 \quad t) \qquad (2\text{-}15)$$

式中，$\boldsymbol{H}$ 为成像平面和标定板平面之间的单应矩阵。通过对应的点对（图像上的角点的像素坐标以及对应点棋盘格上顶点的世界坐标）可以解得 $\boldsymbol{H}$，而通过式（2-15）可得：

$$r_1 = \frac{1}{\lambda} \boldsymbol{K}^{-1} h_1, \quad r_2 = \frac{1}{\lambda} \boldsymbol{K}^{-1} h_2 \qquad (2\text{-}16)$$

由于 $\boldsymbol{R} = (r_1, r_2, r_3)$ 为旋转矩阵，而旋转矩阵是正交矩阵（证明略）。正交矩阵具有以下性质：其任意两个行（列）向量是两两正交的单位向量。根据正交矩阵的性质可得 $r_1 \times r_2 = 0$，从而得到：

$$h_1^T \boldsymbol{K}^{-T} \boldsymbol{K}^{-1} h_2 = 0 \qquad (2\text{-}17)$$

根据正交矩阵的性质 $|r_1| = |r_2| = 1$，可得：

$$h_1^T \boldsymbol{K}^{-T} \boldsymbol{K}^{-1} h_2 = h_2^T \boldsymbol{K}^{-T} \boldsymbol{K}^{-1} h_1 \qquad (2\text{-}18)$$

式（2-17）和式（2-18）中的 $\boldsymbol{K}$ 为未知的摄像机内参数矩阵，h_1，h_3 为求得的单应矩阵的列。在某个位置和视角下拍摄一幅棋盘格图像，可以求出一个单应矩阵，得到关于 $\boldsymbol{K}$ 的两个方程。由于摄像机有 5 个未知内参数，因此当拍摄的图像数目 ≥ 3 时，就可以线性唯一求出 $\boldsymbol{K}$。求出内参数 $\boldsymbol{K}$ 之后，则可以根据下式得到摄像机的外参数，即

$$r_1 = \lambda \boldsymbol{K}^{-1} h_1, \quad r_2 = \lambda \boldsymbol{K}^{-1} h_2, \quad r_3 = r_1 \times r_2, \quad t = \lambda \boldsymbol{K}^{-1} h_3 \qquad (2\text{-}19)$$

式中

$$\lambda = \frac{1}{\| \boldsymbol{K}^{-1} h_1 \|} = \frac{1}{\| \boldsymbol{K}^{-1} h_2 \|} \tag{2-20}$$

张正友标定方法的步骤如下：

（1）打印一张棋盘格 A4 纸张（黑白间距已知），并贴在一个平板上；

（2）针对棋盘格拍摄若干张图像，理论上拍摄 3 张图像即可，但实际上为了得到较好的结果，通常需要在不同位置和不同视角下拍摄多张图像；

（3）在图像中检测特征点（角点或者直线的交点）上建立标定板上的方格顶点与图像上特征点的对应关系；

（4）利用式（2-15）~式（2-20）计算得出摄像机的内外参数。

第二节　成像物理学

成像物理学研究的是场景中的点在图像上所成的像的亮度的确定方法。影响场景中一点所成像的亮度的因素包括场景照明、场景的反射特性和相机的响应等因素。确定了以上各种因素，就可以确定图像上一点的亮度；反之，则可以从图像的明暗来推理相应的因素。由于图像的明暗存在不确定性，通常只能在一些简化和假设下进行相应的推理。

一、成像物理模型

光源发出的光或者从其他物体反射出的光到达某个物体后，该物体对光进行反射，反射的光通过相机的镜头（如果有的话），到达相机的感光区域（光电耦合器件能感应光线强度），并且被记录下来。这就是图像的成像过程。

相机的感光区域包含很多像素，每个像素接收场景中一个小块区域所反射的光线并产生响应。根据针孔成像模型，如果孔径足够小，只能通过一道光线，则感光区域上的每一个点也只能接收到一道光线；但实际上，孔径不可能小到只能通过一道光线，同时，感光区域上的每个像素也是有一定的面积的，因此每个像素是接收场景中一个小块区域所反射的光线，而不是场景中一个点所反射的光线。相机中每个像素产生的响应与到达该像素的光的总量存在线性或者非线性的单调关系，即到达某一像素的光的量越多，像素的响应越大，对应的图像点就越亮，而场景中一个小块区域反射出的光的量与照射到该小块区域的光的总量和该小块区域的反照率有关。

决定某个像素亮度的因素主要包括四个方面，即相机的亮度响应、物体表面的反射特性、光照和拍摄视角。

（一）相机的亮度响应

相机的亮度响应是指拍摄场景的真实亮度与成像后像素亮度之间的关系，即每个像素对不同量的光的响应程度。相机的响应包括化学的和电子的。

化学的响应即胶片的成像，是通过胶片上的某种化学反应得到胶片上每一点的亮度。胶片上所形成的亮度与到达胶片的光的量之间是非线性的关系。通常来说，场景中较暗的部分所成的像会比实际上的要亮一些，场景中较亮的部分所成的像会比实际上要暗一些，可以显示更多的细节。

电子的响应就是电荷耦合器件（charge coupled device，CCD）或互补金属氧化物半导体器件（complementary metal oxide semiconductor，CMOS）等对光量的响应。CCD 或 CMOS 可以把光信号转变为电信号并存储起来。数码相机的感光元件 CCD 或者 CMOS 对光线是非常敏感的，同时，它们的线性程度非常好，在非常大的范围内，数码相机感光元件的输出（电压）与亮度呈良好的线性关系，即

$$I_{camera}(x) = kI_{patch}(x) \qquad (2-21)$$

但实际上，数码相机的亮度响应曲线并不是一条直线。相机厂商为了更好地模拟人眼视觉的非线性效应，同时也为了更有效地记录很亮和很暗的场景，会在感光元件的线性输出基础上增加一个非线性变换，然后才输出到图像。

德国心理学家韦伯通过实验发现，人眼对于亮度的识别能力是非线性变化的，在亮度中段的识别能力最强，即感知亮度变化所需的亮度变化量最小，对于很暗和很亮的区域识别能力逐渐减弱，因此给相机的线性响应加上非线性变换，主要是为了充分利用人眼的视觉特性，更好地记录场景信息，以使画面更接近人眼的感官效果。

人眼感知的亮度范围远远超过目前 CCD 所能记录的亮度范围。在一个固定场景中，人眼更多地注意中间亮度的情况，如果中间亮度范围内的对比度足够大，人眼就会觉得画面是通透的；反之，如果中间亮度范围内的对比度不足，那么人

眼就会觉得画面发灰。因此，对于中间亮度部分，应使用线性映射增加中间亮度范围内的对比度，而对于亮部和暗部，则应使用非线性映射，可以部分保留亮部和暗部的信息。这样，相当于将人眼感受的亮度范围进行分配，为中间亮度分配更多的空间，亮部和暗部则被分配较少的空间。

（二）物体表面的反射特性

物体表面的反射特性是指给定了入射光，有多少入射光被反射出来。当光到达某个表面时，会有很多的现象发生，包括被物体表面吸收、散射、反射和透射等。例如，有的人可以看见自己手部皮肤下的动脉和静脉，这是由于光穿透了皮肤，在血管部位发生反射，反射光再次穿透皮肤而被人眼看到。如果同时考虑各种现象，那么会使模型过于复杂，因此做出如下简化：

（1）假设物体表面本身不发光（物体是冷的），即离开物体上一点的光是到达该点的光的反射光；

（2）物体的反射模型包括镜面反射、漫反射和两种模型的混合。

理想的镜面反射是指入射光、反射光和表面法向量在同一个平面上，并且入射角（入射光与法向量的夹角）与出射角（反射光与法向量的夹角）相等。在实际情况中，反射光与法向量的夹角会与理想出射角有少许的不同，会呈锥状反射出去。因此镜面在出射角方向上看起来非常亮，原因是大部分的光线都从这个方向被反射出来，而在其他的方向上看起来就较暗。镜面的反照率是出射光与入射光的比率。

在漫反射模型中，反射光在各个方向上被均匀地反射出去，从各个角度看物体，亮度都是一样的。漫反射模型的反照率也是出射光与入射光的比率，通常情况下，漫反射模型的反照率是很小的。离开物体的光的总量为反照率乘以入射光的总量，因此存在一定的不确定性，即暗的图像可能是由于反照率较低而造成的，但也可能是由于入射光（照明）过暗造成的。

实际场景中的大部分物体都可以用"镜面反射模型 + 漫反射模型"来表示。此时，物体表面的参数包括镜面反照率和漫反照率。各种反射模型的效果如图2-12所示。

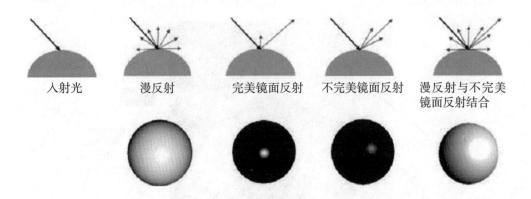

| 入射光 | 漫反射 | 完美镜面反射 | 不完美镜面反射 | 漫反射与不完美镜面反射结合 |

图 2-12　各种反射模型的效果

（三）光照

场景的光照决定了有多少入射光到达场景。若光源距离物体较远，则光源发出的光可以被看作是平行到达物体表面的。物体接收到的光的总量是与到达物体表面的光线的强度和数目成正比的。光照方向与阴影如图 2-13 所示。如图 2-13（a）所示，假定光线的强度相同，同一物体在不同的朝向下接收到的光的总量是不同的，其明暗程度也不同。若物体表面法向量与光源方向的夹角为 θ，则物体表面接收到的光的总量与 $\cos\theta$ 成正比，因此光源的强度和位置都会对物体接收到的光的总量产生影响。

当物体上的某一点看不到光源时，这一点就处在阴影中，如图 2-13（c）所示。可以根据明暗来推断场景的光照方向。多数阴影其实并不是纯黑的，这是因为阴影处的点可以从光源之外的其他地方接收到光照。如图 2-13（b）所示，可以推断出光源的大致方向。

光源可以分为点光源和面光源。面光源比点光源其面积大，典型的面光源包括天空、室内的白墙等。在面光源下，阴影可以分为本影和半影。半影是指可以看到部分面光源的阴影部分，而全影则是指完全看不到面光源的阴影部分。

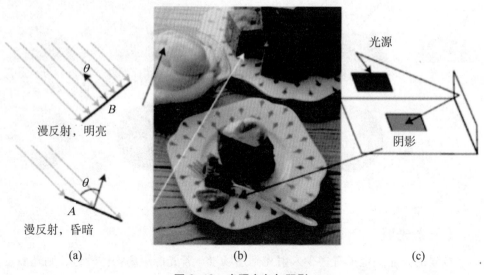

图 2-13　光照方向与阴影

注：(a) 相同光照下，物体的不同朝向导致明暗不同；(b) 通过物体的明暗可以推断场景中的光照方向；(c) 阴影的形成

（四）拍摄视角

物体的反射模型包括镜面反射和漫反射以及这两种模型的混合。对于完全是漫反射的物体，拍摄视角并不会影响物体上点的亮度。对于镜面反射和混合反射的物体，拍摄视角对物体上点的明暗有着很大的影响，如果相机在镜面反射的出射光的方向进行拍摄，那么所成的像则较亮，而若从其他的方向拍摄，所成的像则较暗。

总的来说，图像上一点（对应场景中的一个小块区域）的明暗是由该小块区域接收到的光的总量和从该小块区域反射到相机的光的总量，以及相机的灵敏度来共同决定的。该小块区域接收到的光的总量由光源的强度和位置决定，即由光源决定；从该小块区域反射到相机的光的总量由该小块区域的反射特性和该小块区域与相机的相对朝向决定，因此图像上一点的明暗存在着非常大的不确定性，比较暗的原因可能是光照较暗（到达物体的光少），也可能是物体的反照率比较低（反射的光少），甚至还有可能是相机不太灵敏。

二、光度立体

光度立体可以通过拍摄一个物体在不同光照下的多幅图像来恢复物体的形状。此处使用正交成像模型来进行描述，即空间中一点 (x, y, z) 所成的像的位置为（x，y）。用 [x，y，$f(x$，$y)$] 来表示物体的表面，称作 Monge（法国的一个名为 Monge 的军事工程师首先采用这种方法来表示表面）表面。假设固定相机和物体，光源和物体的距离远大于物体的尺寸，只改变光源拍摄一系列的图像，物体表面是朗伯表面（或者镜面反射的部分已经被去除）。图 2-14 为在不同光照下拍摄的 5 幅图像。

设 B 为到达图像上一点的辐照，S_1 为光源向量，则图像上 (x,y) 处的亮度 $I(x$，$y)$ 为

$$I(x，y)$$
$$= kB(x，y)$$
$$= g(x，y) \times V_1 \qquad\qquad (2\text{-}22)$$
$$= k\rho(x，y) \ N(x，y) \times S_1$$
$$g(x，y) = \rho(x，y) \ N(x，y)$$

图 2-14　不同光照下拍摄的 5 幅图像

式中，$V_1 = kS_1$，k 为常数，表示相机的敏感程度。可以看出，$g(x，y)$ 表示的是物体的信息，包括物体表面的反照率和表面法向量，V_1 表示的是光源和相机的信息。由于采用的是正交成像模型，因此图像点的 $(x，y)$ 和场景点的 $(x，y)$ 是相同的。

可以固定物体和相机，改变光源来拍摄多幅图像，其中光源的信息可以通过拍摄已知物体（已知反照率和法向量）来获得或通过其他方式来获得。假设拍摄了 n 幅不同光照下的图像，将所有的 V_i 叠加起来则可以得到如下矩阵：

$$\boldsymbol{v} = \begin{pmatrix} V_1^T \\ V_2^T \\ \vdots \\ V_n^T \end{pmatrix} \tag{2-23}$$

将图像上每一点的亮度也叠加起来，形成向量

$$\boldsymbol{i}(x,\ y) = [I_1(x,\ y),\ I_2(x,\ y),\ \dots,\ I_n(x,\ y)]^T \tag{2-24}$$

每个像素都对应一个向量，包含在不同光照下的该像素的亮度信息，从而可以得到：

$$\boldsymbol{i}(x,\ y) = vg(x,\ y) \tag{2-25}$$

通过求解方程可以求得 $g(x,\ y)$，然后可以得到物体的反照率 $\rho(x,\ y) = |\ g(x,\ y)\ |$ 以及表面单位法向量 $N(x,\ y) = \dfrac{g(x,\ y)}{|\ g(x,\ y)\ |}$。图 2-15 为通过光度立体求解物体表面反照率和法向量，分别显示了解出的 $g(x,y)$，$\rho(x,y)$ 和 $N(x,\ y)$。

解出 $N(x,\ y)$ 之后，$N(x,\ y)$ 也可以表示为

$$N(x,\ y) = \frac{1}{\sqrt{1 + \dfrac{\alpha f^2}{\alpha x} + \dfrac{\alpha f^2}{\alpha y}}}\left(\frac{\alpha f}{\alpha x}, \frac{\alpha f}{\alpha y}, 1\right) \tag{2-26}$$

通过式（2-26）可以求出 $f(x,y)$，从而得到物体表面的深度信息。一般来说，无法求得深度的绝对数值，只能求出表面各点深度的相对值。

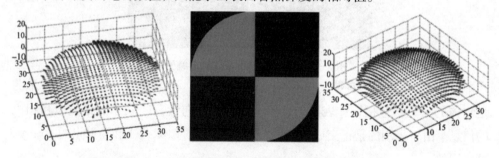

图 2-15　通过光度立体求解物体表面反照率和法向量

三、高动态范围图像

真实世界的亮度范围要远远超过相机的处理能力。以灰度图像为例，灰度图

像只能表示 256 个亮度级别，而真实世界的亮度级别则要比 256 这个数值大得多。高动态范围成像是一种用来实现比普通图像具有更大曝光范围，即更大的明暗差别的技术。高动态范围成像的目的是正确地表示真实世界中从太阳光直射（最亮）到最暗的阴影这样大的亮度范围，即相机能够拍摄出的明暗层次更多，能够更加客观地表示真实世界。

高动态范围图像可以通过硬件或软件的方法来生成。基于硬件的方法是通过特殊设计的设备来直接获取高动态范围图像，优点是所成的像直接就是高动态范围图像，不需要后续处理；缺点是成本高，硬件改造难度大。基于软件的方法是通过不同的曝光时间拍摄同一场景的多幅图像，通过所拍摄的多幅图像生成高动态范围图像。

基于相机响应函数的辐照度重建方法对场景拍摄多幅曝光时间不同的图像，利用多幅曝光时间不同的图像信息计算相机的响应函数，通过响应函数逆运算得到场景的相对辐照度，用以合成高动态范围图像。

基于相机响应函数的辐照度重建方法的输入是同一场景的采用不同曝光时间拍摄的多幅图像。拍摄时相机的位置固定，场景是静态场景，且拍摄过程足够快，从而可以忽略拍摄过程中场景的亮度变化。在多次曝光成像中，假设第 j 次曝光时间为 Δt_j，第 i 个像素接收到的场景辐照度为 E_i，获得的第 j 幅图像中的第 i 个像素的像素值为 Z_{ij}，则相机的响应函数为

$$Z_{ij} = f(E_i \Delta t_j) \tag{2-27}$$

假设 f 是单调连续的（即函数 f 是可逆的），可得：

$$f^{-1}(Z_{ij}) = E_i \Delta t_j \tag{2-28}$$

两边取对数可得：

$$\ln f^{-1}(Z_{ij}) = \ln E_i + \ln \Delta t_j \tag{2-29}$$

使用 $g = \ln f^{-1}$ 来简化表示，可得：

$$g(Z_{ij}) = \ln E_i + \ln \Delta t_j \tag{2-30}$$

式（2-30）中，已知的量为 Z_{ij} 和 Δt_j，待求解的是 E_i 和 g。由于像素值的取值范围有限，且为离散值。例如，灰度图像的像素值只能取 0 ~ 255 区间内的整数，因此求解 g 只需要求出 $g(z)$ 的有限个函数值。优化下面的式子可以求解每个像素上的 E_i 和 $Z_{max} - Z_{min} + 1$ 个 g 的函数值。

$$0 = \sum_{i=1}^{N}\sum_{j=1}^{P}\Big[g\big(Z_{ij}-\ln E_i-\ln\Delta Et_j\big)\Big]^2 + \lambda\sum_{z=Z_{\min}+1}^{Z_{\max}-1}g''(z)^2 \tag{2-31}$$

其中，$Z_{\max}$ 和 $Z_{\min}$ 分别为像素值的最大和最小值。公式中第一项是确保所求出的解满足公式（2-30），第二项是平滑项，用以保证 g 是平滑的，λ 为权重。

此外，在过度曝光和曝光不足的区域，受传感器动态范围及噪声的影响，像素点的输出值往往不够稳定，因此引入权重函数 $w(z)$ 来衡量像素值的可信程度，以减小边界采样对求解函数 g 的影响。

$$w(z)=\begin{cases} z-Z_{\min}, & z\leqslant\frac{1}{2}(Z_{\min}+Z_{\max}) \\ Z_{\max}-z, & z>\frac{1}{2}(Z_{\min}+Z_{\max}) \end{cases} \tag{2-32}$$

加入权重函数后，目标函数变为

$$0 = \sum_{i=1}^{N}\sum_{j=1}^{P}\Big\{w(Z_{ij})\Big[g(Z_{ij})-\ln E_i-\ln\Delta t_j\Big]\Big\}^2 + \lambda\sum_{z=Z_{\min}+1}^{Z_{\max}-1}\Big[w(z)g''(z)\Big]^2 \tag{2-33}$$

只要选取足够的采样点，就可以将目标函数转化为一个超定方程组，还可以通过奇异值分解求得包括每个像素上的 E_i 和 $Z_{\max}-Z_{\min}+1$ 个 g 的函数值的最小二乘解。

求出 g 后，可以得到每个像素处的相对辐照度：

$$\ln E_i = g(Z_{ij})-\ln\Delta t_j \tag{2-34}$$

为了降低图像噪声和饱和像素值的影响，在计算第 i 个像素对应的辐照度时，尽可能地利用第 i 个像素在所有输入图像中的像素值，并使用权重函数 $w(z)$ 来衡量像素值的可信程度，即

$$\ln E_i = \frac{\sum_{j=1}^{P}w(Z_{ij})\Big[g(Z_{ij})-\ln\Delta t_j\Big]}{\sum_{j=1}^{P}w(Z_{ij})} \tag{2-35}$$

式中，P 为拍摄次数。

获得场景的相对辐照度数据后，对于很多的应用就已经足够了。如果想得到绝对辐照度数据，可以通过拍摄一个已知辐照度的标定光源，对计算出的相对辐照度进行缩放使其与已知光源的辐照度相同，就可以得到场景的绝对辐照度。此

外，还可以通过一些近似的方法来恢复场景的绝对辐照度。

上述方法是针对灰度图像进行处理的，在处理彩色图像时，可以有两种方法。一种方法是分别对 R、G、B 三个颜色通道计算相机响应函数，求出各通道对应的相对辐照度，最后调节比例参数进行白平衡处理；另一种方法是将 RGB 图像转换至 HSV 空间，恢复 V 通道的高动态范围数据。

得到场景的高动态范围图像后，若要在普通显示器上显示或者打印高动态范围图像，则需要进行色调映射，将高动态范围图像映射为低动态范围图像。色调映射原是摄影学中的一个专业术语，因为打印相片或者普通显示器所能表现的亮度范围不足以表现现实世界中的亮度域，而若简单地将真实世界的整个亮度域线性压缩到照片所能表现的亮度域内，则会在明暗两端同时丢失很多细节。色调映射就是为了克服这一情况而提出的。既然相片所能呈现的亮度域有限，则可以根据所拍摄场景内的整体亮度来控制一个合适的亮度域。这样既能保证细节不丢失，也可以使照片不失真。人的眼睛也是相同的原理，这就是为什么当我们突然从一个明亮的环境进入一个黑暗的环境时，可以从什么都看不见到慢慢适应周围的亮度，不同的是，人眼是通过瞳孔来调节亮度域的。

整个色调映射的过程：首先根据当前的场景推算出场景的平均亮度，然后再根据这个平均亮度选取一个合适的亮度域，再将整个场景映射到这个亮度域中得到映射后的结果。

首先，计算出整个场景的平均亮度，计算平均亮度的方法有很多种，目前常用的是使用对数平均亮度作为场景的平均亮度，通过式（2-36）可以计算得到。

$$\bar{L}_w = \frac{1}{N} \exp \left\{ \sum_{x,\,y} \lg \left[\delta + L_w (x,\,y) \right] \right\} \qquad (2\text{-}36)$$

式中，$L_w(x,\,y)$ 是 $(x,\,y)$ 处像素点的亮度，N 是场景内的像素总数，δ 是一个很小的数，用来应对像素点纯黑的情况。

$$L(x,\,y) = \frac{\alpha}{L_w} L_w(x,\,y) \qquad (2\text{-}37)$$

式（2-37）用来映射亮度域。α 为参数，用来控制场景的亮度倾向。一般来说，α 会使用几个特定的值，0.18 是一个适中的值。当 α 值为 0.36 或 0.72 时相对偏亮，当 α 值为 0.09 或 0.045 时则相对偏暗。为了满足计算机能显示的范围，完成映射的场景还要将亮度范围再映射到 [0, 1] 区间（或 [0, 255]），可以通过式（2-38）得到 [0, 1] 区间内的亮度。

$$L_d(x, y) = \frac{L(x, y)}{1 + L(x, y)} \qquad (2\text{-}38)$$

图 2-16 为高动态范围图像示例，图 2-16（a）为 4 幅在不同曝光时间下拍摄的图像，图 2-16（b）为标定得到的亮度响应曲线（此曲线以图像亮度为横坐标，以场景亮度为纵坐标）。图 2-16（c）为得到的高动态范围图像，图中小方块中的场景亮度也被映射到整个可显示的范围之内了。例如，台灯上的区域，整体亮度很亮，设其在整个图像中的亮度范围为 [a，b]。实际上，台灯这块区域中包含的亮度范围远远超过 | b−a | 个级别。将台灯区域单独映射为一幅图像后（映射到 [0，255]），可以看到更多的细节。其实，台灯图像中的黑色部分对应的场景中的实际亮度比图 2-16 中其他地方的白色部分对应的场景实际亮度还要亮。

四、曝光融合

与高动态范围图像比较相似的技术是曝光融合。曝光融合是通过拍摄同一场景在不同曝光时间下的多幅图像来生成一幅高质量的、低动态的、可显示的图像，类似高动态范围图像经过色调映射之后的图像。曝光融合并没有生成高动态范围图像，其基本思想是为多曝光序列图像中的每个像素计算一个感知质量度量。感知质量度量可以表示期望的图像质量。例如，对比度、饱和度等，然后利用感知质量度量将多幅图像中的像素进行加权融合，感知质量较好的像素的权重也较大，直接得到一幅高质量的图像，不需要像高动态范围图像那样首先进行辐射标定，也不需要记录拍摄时的曝光时间。

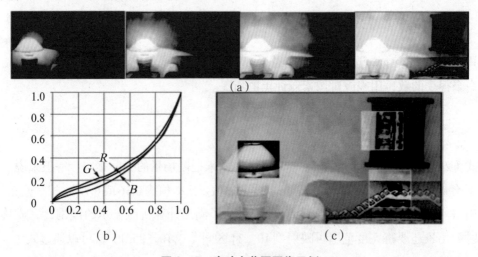

图 2-17　高动态范围图像示例

曝光融合如图 2-17 所示。图 2-17(a) 中第一行显示了三张在不同曝光时间下拍摄的图像，第二行显示了每幅图像对应的感知质量度量，以图像的方式显示，像素的值越大（越白），表示该位置处的像素的感知质量越好，其在最终融合的图像中的权重也越大。图 2-17(b) 显示了以感知质量度量为权重，将三幅不同曝光时间的图像进行融合后得到的结果。

（a）输入图像及对应的感知质量图　　　　　　　（b）融合结果

图 2-17　曝光融合

另外，还可以将使用闪光灯和不使用闪光灯的一对图像进行融合，如图 2-18 所示。图 2-18(a) 为不使用闪光灯拍摄的图像，其中人脸部分光照不足，很多细节无法看清。图 2-18(b) 为使用闪光灯拍摄的图像，人脸部分可以看清，但是后面的画上出现了很强的反光。通过融合这两幅图像，可以得到如图 2-18(c) 所示的清晰的图像。需要指出的是，采用标定相机响应曲线生成高动态范围图像时，是不能使用闪光灯的，因为闪光灯会使得场景的光照发生变化，从而导致场景的亮度发生改变。

（a）不使用闪光灯　　　　（b）使用闪光灯　　　　（c）清晰的图像

图 2-18　融合使用闪光灯拍摄的图像

第三节　颜色分析

颜色是由于不同波长的光作用于视觉系统，并引起不同刺激的结果而产生的。光是由不同波段的光谱组成的，每个波段称为一个通道，各种波长的光的不同比例就形成了不同的颜色。例如，短波光能量较大时呈现蓝色，长波光能量较大时呈现红色。颜色对尺寸、方向、视角的依赖性较小，具有较高的鲁棒性。人类的视觉系统对波长为 390 ~ 780 nm 的光是有反应的，即这部分光对于人类来说是可见光。

如果光中只包含了某一波段的光，那么这种光就是纯色的，如红光、蓝光等。如果光中所包含的各个波段的光的能量分布比较均匀，那么这种光就是白光。

一、三基色原理

有这样一个实验，让被试看到某一种颜色的光，然后让被试混合几种基色的光。调整各种基色的光的比例可使所得到的光与观察到的光颜色相同。大多数被试只需要混合三种基色就可以得到所观察到的光具有的颜色，这就是三基色假说。三基色假说得到了现代技术的证明，即在人类视网膜中确实含有三种不同的光敏感性视色素，它们对光谱不同部位的敏感性是不同的。一束光，不管其波长组合有多复杂，都会被人眼分解为三种基本的颜色。对于视野中的每个位置，三种不同的光敏感性视色素会对不同波长的光产生响应，所有可能的响应值的组合决定了人类所能感知的颜色空间。据估计，人眼可以区分约一千万种颜色。

人眼中有两种类型的细胞，锥状细胞和杆状细胞。锥状细胞在明亮的光线下比较活跃，对应于颜色的感知；而杆状细胞在昏暗的光线下比较活跃。在昏暗的环境中，由于锥状细胞受到抑制，因此人对于颜色的感知就比较弱，看到的场景基本都是灰色的。

目前，大部分的相机采用光电耦合器 CCD/CMOS 成像，而 CCD/CMOS 只能感受光的强度，无法分辨不同的颜色。加上滤镜，可以使有的位置的像素只感受红光，有的位置的像素只感受绿光，有的位置的像素只感受蓝光，然后通过插值的方式得到每个像素处的红光、绿光以及蓝光的强度值。例如，对于只感受红光的像素 R，通过其周围像素所感受到的绿光和蓝光的强度值来得到像素 R 处的绿光和蓝光的强度值。这些值反映了光中所包含的能量在各个波长上的分布，从而形成彩色图像。

光源可以发出不同的光（在不同的波长上的能量分布不同），对于多数的漫反射表面，反照率与波长有关，因此入射光中的某些波长的光可能更多地被吸收；而另一些波长的光可能更多地被反射，因此人们看到的物体的颜色与入射光以及物体表面的属性都有关。

光源包括自然光源（如太阳和天空）和人工光源（如白炽灯和荧光灯等）。理想的光源为黑体光源，即本身不反光，所发出的光的光谱只与本身的温度有关。物理学家们定义了一种理想物体——黑体，以此作为热辐射研究的标准物体。它能够吸收外来的全部电磁辐射，并且不会产生任何反射和透射。

二、颜色空间

每一种颜色的表示模型都定义了一个颜色空间，每一种颜色对应于该颜色空间中的一个点。被广泛使用的颜色空间包括 RGB 空间、HSV 空间、CMY 空间和 XYZ 空间等。

（一）线性颜色空间和非线性颜色空间

颜色空间可以分为线性颜色空间和非线性颜色空间。

线性颜色空间即可以使用基色的线性组合来表示颜色，基色的选择就决定了颜色空间。RGB 空间是一种常见的线性颜色空间。RGB 模型构成颜色表示的基础，其他颜色的表示方法可以通过对 RGB 模型进行变换得到。RGB 模型是一个加色的模型，通过以不同的比例混合三种基色来得到各种颜色。三基色的加权混合不仅反映了颜色的色度，还反映了颜色的亮度。若只对色度感兴趣，希望颜色不依赖于亮度的变化，则只需考虑 R，G，B 之间的比例关系，即 Normalized RGB：

$$r = R/(R+G+B)，g = G/(R+G+B)，b = B/(R+G+B) \tag{2-39}$$

Normalized RGB 中只有两个坐标是独立的，从而形成二维色度空间。

HSV 模型是一种常见的非线性颜色模型。其中 H 为色调，表示光的颜色，如红光、绿光等；S 为饱和度，表示颜色的饱和程度，如深红、浅红等；V 为亮度，表示光线的明暗程度，是从黑到白的变化。

在 HSV 模型中，色调是由光中所包含能量最多的波长决定的。例如，当光中红光波长中包含的能量最多时，则这束光呈现红色。饱和度是由所包含能量最多的波长包含的能量与所有其他波长包含的能量之比决定的。显然，若这个比值越大，则颜色越饱和。极端情况下，若光中只有红光波长部分包含能量，则该颜色的饱和度是最大的。亮度是对光的整体的明暗程度的度量。

线性颜色空间之间，以及线性颜色空间与非线性颜色空间之间可以进行变换。这些颜色空间之间没有明显的好坏之分，只能说某个颜色空间适用于某一个具体的领域。

（二）非一致性颜色空间和一致性颜色空间

图 2-19 表示了非一致性颜色空间的问题。在图 2-19（a）中，每一个椭圆里面的颜色对于人类来说都是不可区分的，即人们认为椭圆中的颜色都是一样的。这些椭圆称为 MacAdam 椭圆。可以看到，这些椭圆的大小和方向是不同的。当使用程序来分辨两种颜色时，通常是通过计算两种颜色之间的距离来进行判断的，若两种颜色之间的距离小于某一阈值，则视为同一种颜色，否则就将其视为不同的颜色。从图 2-19（a）中可以看到，在非一致性颜色空间中，颜色之间的距离并不能表示颜色之间的差异。理想情况是图 2-19（a）中的椭圆变成大小一致的圆，这样就可以用颜色之间的距离来表示颜色之间的差异了。

图 2-19（b）表示了 CIE 1976 u'v' 颜色空间，是将 CIExy 颜色空间进行投影得到的，其目的是使得 MacAdam 椭圆变成大小一致的圆。当然，从图上可以看出，这些依然不是圆，只是比之前的 MacAdam 椭圆更"圆"一些。

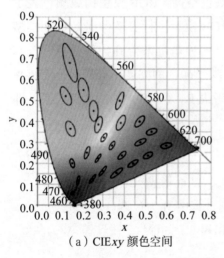

（a）CIExy 颜色空间

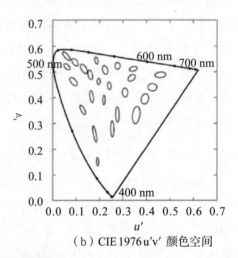

（b）CIE 1976 u′v′ 颜色空间

图 2-19　非一致性颜色空间

三、色彩恒常

人类都有一种不因光源或者外界环境因素影响改变对某一个特定物体色彩判断的心理倾向，这种倾向即为色彩恒常性。环境（特指光照环境）的变化会引起某一个特定物体反射的光的组成发生变化，而人类的视觉系统能够识别出这种变化，并能够判断出该变化是因光照环境的变化而产生的。当光照变化在一定范围内变动时，人类的识别机制会在这一变化范围内认为该物体表面颜色是恒定不变的。

人类感知的物体的颜色是由离开物体的光的颜色决定的，而离开物体的光的颜色与入射光的颜色和物体表面的反射特性都有关系。如果使用白色的光照射一个绿色的表面，那么可以得到一幅绿色的图像；如果用绿色的光来照射一个白色的表面，那么也可以得到一幅绿色的图像。色彩恒常算法就是通过图像去除光照的影响而得到物体的真正颜色。

最具代表性的色彩恒常理论为视网膜皮层理论（以下称"Retinex 理论"）。Retinex 理论认为，人类感知到的物体的色彩与物体表面的反射特性密切相关，而与进入人眼中反射光的光谱特性关系不大。由光照变化引起的进入人眼中反射光的光谱变化一般是平缓的，而由物体表面变化引起的反射光的光谱变化一般比较剧烈，因此通过分辨这两种变化形式，人类的视觉系统就可以区分感受到的颜色变化是由光照引起的，还是由物体表面变化引起的，从而实现对物体颜色的感知恒常。

一幅图像可以表示为

$$I(x, y) = S(x, y) \times R(x, y) \tag{2-40}$$

式中，(x, y) 为图像中像素的坐标；S 表示光照；R 表示物体表面的反射特性；I 为由物体表面反射出的光，进入相机 / 人眼形成图像。由 Retinex 理论可知，R 对 I 的影响要远大于 S，如果能从 I 中估计出 S 并将其去除，那么就可以得到反映物体表面反射特性的图像。对式（2-40）两边取对数，可得：

$$\lg I(x, y) = \lg S(x, y) + \lg R(x, y) \tag{2-41}$$

以一维图像为例，由光照引起的像素值变化一般比较平缓，而由物体表面反射特性引起的像素值变化一般比较剧烈。对式（2-41）两边求导数，然后舍弃小于给定阈值的导数，再通过积分可以恢复得到与光照无关的图像。Retinex 理论在一维图像上的示例如图 2-20 所示。恢复得到的图像中有一个未知的常量，即虽然无法得到物体表面反射特性的绝对数值，但是可以得到一个相对的值。

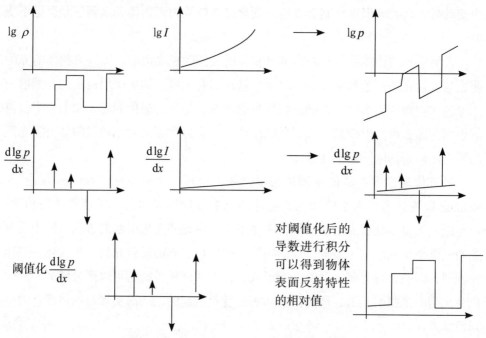

图 2-20 Retinex 理论在一维图像上的示例

Retinex 理论可用于图像增强，其基本原理为从原始图像 I 中估计出光照 S，从而分解出 R，消除光照不均的影响，以改善图像的视觉效果。图 2-21 所示为多尺度 Retinex 彩色图像恢复（multi-scale retinex with color restore，MSRCR）算法的图像增强效果。

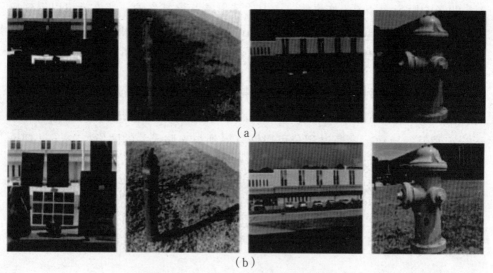

图 2-21 MSRCR 算法图像增强效果

四、阴影去除

阴影在图像中很常见，当光照被物体部分或全部遮挡时会形成阴影。根据阴影可以推断出场景中光照的方向，有助于对场景进行理解，但是阴影也会给物体检测、运动检测和物体识别等任务带来挑战和困难。此外，通常图像中的边缘是由场景中物体反照率的变化引起的，由于场景中相邻的点的光照类似，相机的观察角度也类似，因此突然的亮度或颜色变化只能是由物体表面反照率的变化引起的。一般可以基于此假设来检测物体的边缘，但是这个假设在阴影区域是不成立的。基于此，假设检测物体的边缘会将阴影的边缘也作为物体的边缘，从而给后续的视觉任务带来困难，因此阴影的检测与去除具有重要的研究意义和应用价值。

由于阴影是由光照变化引起的图像变化，因此如果能够得到与光照无关的图像，就可以判断原始图像中是否存在阴影，并确定阴影的位置。

首先，考虑理想情况下的阴影检测。给定一个彩色相机，使用这个相机拍摄场景（包含多种物体或颜色的场景）的图像，改变场景中的光照，固定相机和场景，拍摄多幅图像。对于拍摄到的每一幅图像，先将三维的 RGB 坐标转化为二维的色度坐标，如（G/R，B/R），然后取对数。同一区域内不同的光照下的图像像素的二维色度坐标的对数值会形成一条直线，而不同区域所形成的直线是平行的。这些直线的方向被称为颜色温度方向，因此，改变光照就会使利用二维色度对数坐标来表示的颜色在这些直线上移动。可以将二维的对数坐标投影到与这些平行直线垂直的一条直线上，得到一幅类似灰度图的图像，图像中的每个像素均用一维投影坐标表示。这种图像在光照发生变化时是不变的，因此这样的图像其实是去除了阴影的。通过最小熵来寻找最优的投影方向，如图 2-24 所示。图 2-24（a）显示了多个区域在不同的光照下的图像像素的二维色度坐标的对数值形成的多条直线。

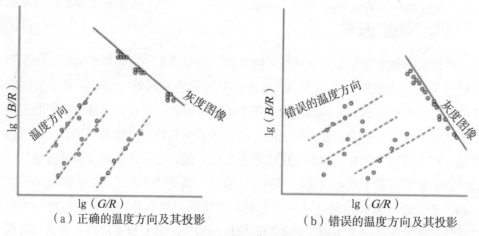

图 2-22 通过最小熵来寻找最优的投影方向

因此，对于一个包含多个表面的场景，使用相机拍摄一幅图像，将图像颜色变换到上述的二维色度空间中，可以得到一系列的（近似）平行线。平行线的方向是颜色的温度方向，只与相机有关。不同的表面对应不同的方向（截距不同）。如果改变了光照，那么各个表面的颜色会沿着温度方向变化，而不会从一条直线跳到另一条直线。选择与温度方向垂直的直线 L，如果将每条平行线上的点投影到直线 L 上，那么在同一个表面上的点，在直线 L 上的投影是相同的。使用这个投影的坐标来表示图像中的每个像素。在同一表面上的点的投影坐标是相同的，无论其在阴影内还是在阴影外。这是由于阴影内外的点只是其对应的光照不同，而所在的表面却是相同的。阴影内外的点的二维对数坐标位于同一条直线上，其到直线 L 上的投影是相同的。投影后形成的图像即为光照无光图像。原始图像的边缘，若在其对应的光照无光图像上不是边缘，则该边缘是阴影的边界，可以确定阴影的位置。

在实际应用中往往是无法确定具体的温度方向的，也无法直接得到与光照无关的图像。此时，可以使用最小熵的方法来估计温度方向。假设场景包含多个不同的表面，当沿着一个较好的温度方向进行投影时，各个表面的投影是分开的，如图 2-22（a）所示；若投影到其他的方向上，则如图 2-22（b）所示。此时，各个表面的投影混杂在一起，这表示用不同的光源照射不同的表面会得到相同的颜色，而这种现象是不常见的，因此可以使用投影所得到的直方图的熵来测量投影是否分开。图 2-23 显示了在各个方向上进行投影后计算得到的熵的值。可以看出，在 150° 附近可以得到熵的最小值，150° 则正是图 2-23 中与温度方向垂直的方向。

具体应用时，可以搜索二维色度空间中的各个方向，将图像中的颜色沿着各个方向进行投影，然后选择投影后的直方图的熵最小的方向作为温度方向来得到光照无关图像，若原始图像中的边缘在对应的光照无光图像上不是边缘，则可以认为该边缘是由阴影引起的，从而得到阴影的检测结果。阴影检测示例如图 2-24 所示。

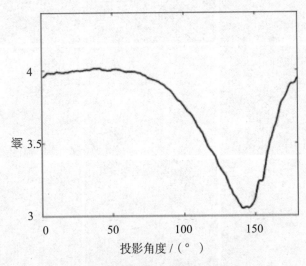

图 2-23　沿不同方向投影得到的熵

 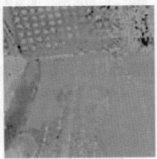 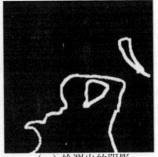

（a）原始图像　　　　　　（b）光照无关图像　　　　　（c）检测出的阴影

图 2-24　阴影检测示例

检测到阴影后，可以根据两个推断进行阴影去除。

①如果阴影边界两边的两个像素具有相同的反照率，那么移除阴影后它们应该具有相同的颜色或灰度，即此处的梯度应该为 0。

②阴影内部的像素值之间的对数比在阴影移除后应该保持不变，因此可以使用 Retinex 方法对原始图像取对数，然后求导数。此后，除舍弃小于给定阈值的导数外，还应将阴影边界处的导数也设置为零，然后通过重积分得到去除阴影后

的图像。图 2-25 所示为阴影去除后的效果，第一列为原始图像，第二列为得到的光照无关图像，第三列为去除阴影后的图像。

图 2-25　阴影去除后的效果

第三章　图像处理和局部特征

第一节　图像处理

图像是计算机视觉的输入数据，对图像的处理是计算机视觉的基础。图像可以视为一个二维的数组或矩阵，图像的基本单位是像素。对于灰度图像，每个像素用 0 ~ 255 中的一个数值来表示该像素的明暗程度；对于彩色图像，每个像素使用一个向量来表示该像素的颜色。如图 3-1 所示，图 3-1（a）为一幅灰度图像，图 3-1（b）为将图 3-1（a）白色框中的图像放大后的效果，其中每个小方块表示一个像素，图 3-1（c）为对应的具体的灰度值。可以看出，灰度值越小，则对应的图像区域越暗。图像处理就是通过改变像素的值来达到某种效果或者目的。

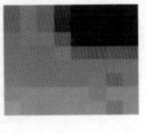

（a）　　　　　　　　　　　　　　　（b）

	0	1	2	3	4	5	6	7
0	130	146	133	95	71	71	62	78
1	130	146	133	92	62	71	62	71
2	139	146	146	120	62	55	55	55
3	139	139	139	146	117	112	117	110
4	139	139	139	139	139	139	139	139
5	146	142	139	139	139	143	125	139
6	156	159	159	159	159	146	159	159
7	168	159	156	159	159	159	139	159

（c）

图 3-1　数字图像示例

一、线性滤波器

线性滤波器是提取图像特征时经常使用的一个工具，通过卷积提取图像的一个邻域中的特征。卷积是指输入图像 I1，其输出为图像 I2，输出图像 I2 中的每一个像素的值是通过对输入图像中相应位置的像素

邻域（如 3×3 邻域）中的像素值进行加权求和得到的。邻域中各个位置的权值对于输入图像中所有的像素都是一致的，即在输入图像的不同位置，邻域中各个位置的权值都是一样的。卷积可以用来进行图像平滑和计算导数。卷积的运算过程如图 3-2 所示。其中，F 为卷积模板，也称卷积核。卷积核中各个位置的数值为各个位置的权重，卷积就是通过把卷积核的中心放在每一个像素上，使用各个位置的权重乘以对应位置的像素值求和之后，置换目标像素的值。不同的权重组合对应于不同的卷积核，可以实现不同的功能。

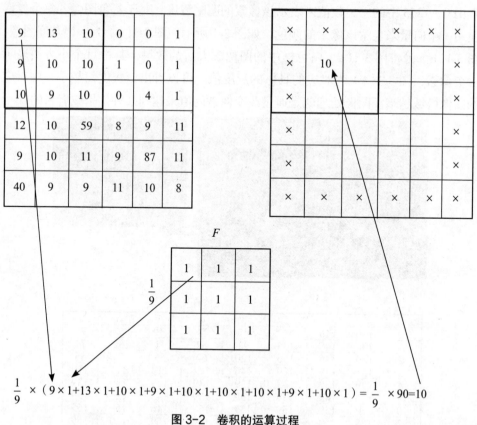

$$\frac{1}{9} \times (9 \times 1 + 13 \times 1 + 10 \times 1 + 9 \times 1 + 10 \times 1 + 10 \times 1 + 10 \times 1 + 9 \times 1 + 10 \times 1) = \frac{1}{9} \times 90 = 10$$

图 3-2 卷积的运算过程

图 3-2 中的卷积核 F 是一个求均值的卷积核，可以用来对图像进行均值滤波

来去除图像中的噪声。均值滤波本身存在着固有的缺陷，即它不能很好地保护图像细节，在图像去噪的同时也破坏了图像的细节部分，从而使图像变得模糊，不能很好地去除噪声。

高斯滤波是比较常用的一种去噪方式。高斯滤波使用高斯核对图像进行卷积来去除噪声，以平滑图像。其基本思想是距离目标像素较近的位置权重较大，而距离目标像素较远的位置权重较小。高斯核的表达式为

$$G_\sigma = \frac{1}{2\pi\sigma^2} e^{-\frac{(x^2+y^2)}{2\sigma^2}} \tag{3-1}$$

高斯滤波的优点如下：

（1）二维高斯函数是旋转对称的，在各个方向上的平滑程度相同，不会改变原图像的边缘走向；

（2）高斯函数是单值函数，高斯卷积核的中心点为极大值，在所有方向上单调递减，由于距离中心点较远的像素对中心点像素的影响不会过大，因此保证了其特征点和边缘特性；

（3）在频域上，滤波过程不会被高频信号污染。

图 3-3 所示为一个 5×5 邻域的高斯核示例，其中图 3-3（a）为高斯核的三维波形；图 3-3（b）为其以二维图像形式显示的结果，颜色越白，表明该位置的权重越大；图 3-3（c）为各个位置的具体权重数值。可以看出，邻域中心位置的权重比远离中心的位置的权重要大得多。

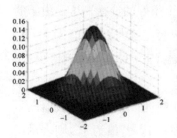 

0.003	0.013	0.022	0.013	0.003
0.013	0.059	0.097	0.059	0.013
0.022	0.097	0.159	0.097	0.022
0.013	0.059	0.097	0.059	0.013
0.003	0.013	0.022	0.013	0.003

$$5 \times 5, \quad \sigma = 1$$

（a）高斯核的三维波形　（b）高斯核以二维图像形式显示的结果　（c）各位置的具体权重数值

图 3-3　高斯核示例

高斯核的方差对平滑和去噪的效果影响很大。方差很小时，由于远离目标像素位置的权重很小，因此平滑基本没有效果；方差很大时，由于目标像素周围像素的权重较大，因此平滑效果就会很明显，从而在付出图像模糊的代价下去除噪声，即具有较大方差的高斯核会使图像的细节丢失较多。

高斯函数具有可分离性，因此可以采用可分离滤波器实现较大尺寸的高斯核的加速，即首先将图像与一维高斯核进行卷积，然后将卷积结果与方向垂直的相同一维高斯核再进行卷积，因此，二维高斯滤波的计算量随滤波模板宽度呈线性增长而不是呈平方增长。可分离滤波器可以将计算复杂度从 $O(MNPQ)$ 降到 $O[MN(P+Q)]$，其中 M，N，P，Q 分别为图像和滤波器的窗口大小。

卷积除了可以平滑图像外，还可以用来求导数。例如，可以使用式（3-2）所示的卷积核来求图像的导数，从而检测边缘：

$$\boldsymbol{H} = \begin{Bmatrix} 0 & 0 & 0 \\ 1 & 0 & -1 \\ 0 & 0 & 0 \end{Bmatrix} \tag{3-2}$$

另外，也可以将卷积核视为一个滤波器，卷积核的权重被称为滤波器的核，因此有时也把卷积称为滤波。可以把这些权重排列为一个向量，如 3×3 的卷积核写为一个 9 维的向量，然后把对应窗口内的像素也写为一个 9 维的向量，因此卷积（滤波）的结果就是权重向量与像素向量的点积。这个点积的值也被称为滤波的响应。

值得注意的是，滤波器在与它们相似的图像区域上响应比较强，在与它们不相似的区域响应比较弱，因此可以把滤波器视为一个模式检测器。即使用某一模式的滤波器在图像各处滤波，响应比较强的地方就是比较像滤波器模式的地方。例如，使用左大右小的滤波器，在图像上左边比右边亮的区域，响应就会比较大。

但是直接使用滤波器进行滤波来检测模式不是一个很好的选择，这是由于滤波是线性的计算，在图像整体比较亮的区域其响应值也会比较大。例如，对于（1，3，1）这个模式，滤波器（3，3，3）的响应比滤波器（1，3，1）的响应更大，但是（3，3，3）与（1，3，1）并不相似。

常用的方法是使用归一化相关系数来表示滤波的响应值，即计算滤波器向量与像素向量之间夹角的余弦值。结果的取值范围为 -1 ~ 1。若值为 1，则表示两个模式完全一样；若值为 -1，则表示两个模式对比度相反。这个简单的算法可以用来高效地检测一些模式。当使用滤波器来检测某些模式的时候，并不知道这些模式的大小。如果对于不同分辨率的图像都使用同一个滤波器来卷积，那么在不同大小的图像上，该滤波器将对不同的模式有较强的响应。

高斯金字塔如图 3-4 所示。如果在这几幅不同尺度的图像上使用 8×8 的滤波器进行滤波，那么在最大尺度的图像上，该滤波器包含几根毛发；在中等尺度的图像上，则该滤波器包含几根条纹；在低尺度的图像上，该滤波器将包含斑马的整个嘴部。反过来说，如果想检测斑马的嘴部，那么在不知道所检测图像尺度的前提下使用某一大小的滤波器，并不能保证能检测到目标，而高斯金字塔就是用来解决尺度问题的。

高斯金字塔本质上为信号的多尺度表示方法，即将图像进行多次的高斯模糊，并且向下取样，从而产生不同尺度下的多组图像以进行后续的处理。在不同尺度的图像上进行滤波，可以解决所要寻找的模式可能在图像上有不同大小的问题。得到高斯金字塔后，就可以在金字塔的各层上使用相同大小的滤波器来检测与滤波器相似的模式了。

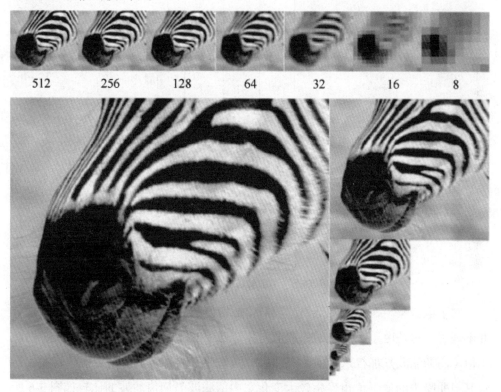

图3-4　高斯金字塔

二、非线性滤波器

常见的非线性滤波器包括最大值滤波器、最小值滤波器和中值滤波器。它们分别是使用像素邻域中的最大值、最小值和中值来代替中心像素的值。图3-5所示为中值滤波的工作过程。取中心像素（像素值为90）的3×3邻域，将这9个像素值进行排序，得到中值为 28，然后用 28 替换 90，就完成了对像素值为 90 的中值滤波。

非线性滤波器也可以用于去除图像中的噪声。椒盐噪声也称为脉冲噪声，是图像中常见的一种噪声，它是一种随机出现的黑点（椒）或者白点（盐），可能是亮的区域有黑色像素或是暗的区域有白色像素，或者两者皆有。椒盐噪声可能是因为影像信号受到突然的强烈干扰而产生的。例如，失效的感应器导致像素值为最小值，而饱和的感应器则导致像素值为最大值。

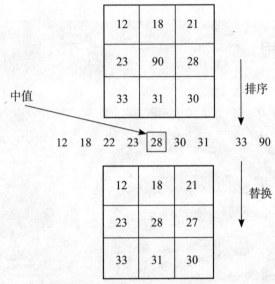

图 3-5　中值滤波的工作过程

对于椒盐噪声，传统的低通滤波器（如均值滤波和高斯滤波等）的滤波效果并不理想。这是由于噪声点的像素值与其邻域中的像素值的差别往往很大，因此均值（高斯滤波是加权求均值）与邻域中其他像素的真实值的差别也会较大，导致其他非噪声的像素值也发生较大变化。中值滤波与均值滤波的比较如图 3-6 所示。此时使用中值滤波器就可以得到较好的效果。

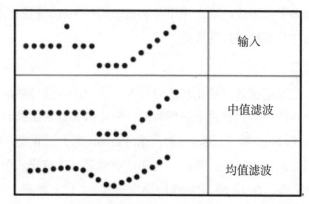

图 3-6　中值滤波与均值滤波的比较（宽度为 5 的滤波器）

三、边缘检测

线性滤波器可以用来检测图像中的边缘，通过边缘检测能够大幅减少数据量，在保留重要的结构属性的同时还可以剔除无关信息。

对于图像的一个很重要的假设就是一个像素跟它的邻近像素很相似，即具有相似的颜色或者灰度。基于这个假设，可以通过某个像素的邻域来估计该像素。当然，这个假设在图像的有些地方是不符合的。例如，在边缘处，像素与其邻近像素的差别就很大。边缘部分所占比例与整幅图像相比是较小的区域，因此以上假设对于一幅图像来说是大概率正确的。当然，噪声也与其邻域内的像素有很大不同。噪声就是像素的强度相对于真值有个突变。从时域上讲，高斯滤波可以使一个像素的强度与周围的点相关，就减少了突变的影响；从频域上讲，突变引入了高频分量，而高斯滤波器则可以滤除高频分量。

若一个像素与其邻域内的像素不同，则可能是由以下原因引起的：它们具有不同的反照率，位于不同的物体上，具有不同的表面法向量（相对于相机的视角不同）以及可能位于阴影内外。

像素与其邻域内的像素差异较大的地方（边缘）往往存在很大的信息量。这些地方的梯度一般也较大。当然，噪声位置的梯度一般也较大，因此，检测边缘和抑制噪声是一对不可调和的矛盾。

（一）边缘检测算子

在边缘处，由于边缘包含了大多数的形状信息，因此像素的值会发生突然的变化。检测边缘的思想也非常直观，即在图像各处求各个方向的梯度，梯度较小的位置肯定不是边缘，而梯度较大，并且局部最大的位置才是边缘。求梯度之前通常要通过滤波来平滑图像。通常使用高斯核来进行平滑，然后再求导数，与直接使用高斯核的导数来滤波是等价的。

1. 一阶导数边缘算子

在图像中，边缘是像素值变化剧烈的位置，函数的一阶导数能够反映函数的变化率。利用这一特性可以通过求解图像的一阶导数来确定图像的边缘。常见的一阶导数算子有 Roberts 算子、Sobel 算子和 Prewitt 算子。首先，通过合适的微分算子计算出图像的梯度矩阵；其次，对梯度矩阵进行二值化从而得到图像的边缘。设 I 为图像矩阵，$G(i, j)$ 为最终的梯度矩阵，$*$ 代表卷积。

Roberts 算子计算的是互相垂直方向上的像素值的差分，采用对角线方向相邻像素之差进行梯度幅度检测。Roberts 算子的计算公式为

$$G_x \begin{pmatrix} 1 & 0 \\ 0 & -1 \end{pmatrix} * I, \quad G_y = \begin{pmatrix} 0 & -1 \\ 1 & 0 \end{pmatrix} * I, \quad G(i, j) = |G_x| + |G_y| \tag{3-3}$$

Sobel 边缘检测算子在以像素为中心的 3×3 邻域内做灰度加权运算，加权的处理可以降低边缘的模糊程度，计算公式为

$$G_x \begin{pmatrix} -1 & 0 & 1 \\ -2 & 0 & 2 \\ -1 & 0 & 1 \end{pmatrix} * I, \quad G_y = \begin{pmatrix} 1 & 2 & 1 \\ 0 & 0 & 0 \\ -1 & -2 & -1 \end{pmatrix} * I, \quad G(i, j) = \sqrt{G_x^2 + G_y^2} \tag{3-4}$$

Prewitt 边缘算子是一种类似 Sobel 算子的边缘模板算子，通过对图像进行两个方向的边缘检测，将其中响应最大的方向作为边缘，计算公式为

$$G_x \begin{pmatrix} -1 & 0 & 1 \\ -1 & 0 & 1 \\ -1 & 0 & 1 \end{pmatrix} * I, \quad G_y = \begin{pmatrix} 1 & 1 & 1 \\ 0 & 0 & 0 \\ -1 & -1 & -1 \end{pmatrix} * I, \quad G(i, j) = \max \left\{ |G_x|, |G_y| \right\}$$

$$\tag{3-5}$$

一阶导数的边缘算子的优点是对于灰度渐变和噪声较多的图像处理效果较好，但是存在对边缘定位不是很准确和检测的边缘不是单像素的问题，因此适用于对精度要求不高的情况。

2. 二阶导数边缘算子

另外一种常用的边缘检测方法是采用像素变化的二阶导数信息。以灰度图像为例，像素变化的二阶导数就是灰度梯度的变化率。如果 $f(x, y)$ 表示点 (x, y) 的灰度值，那么在点 (x, y) 处的二阶导数可以写为

$$\nabla^2 f(x, \ y) = \frac{\alpha^2 f(x, \ y)}{\alpha x^2} + \frac{\alpha^2 f(x, \ y)}{\alpha y^2} \qquad (3\text{-}6)$$

这也被称为拉普拉斯算子。可以采用差分的方法实现图像二阶导数的求导，差分公式为

$$\nabla^2 f(x, \ y) = f(x+1, \ y) + f(x-1, \ y) + f(x, \ y+1) + f(x, \ y-1) - 4f(x, \ y)$$

$$(3\text{-}7)$$

在对图像进行计算时，可以采用如图 3-7 所示的 4 邻域和 8 邻域的拉普拉斯算子模板进行二阶导数的计算。

0	1	0
1	−4	1
0	1	0

1	1	1
1	−8	1
1	1	1

图 3-7 4 邻域和 8 邻域的拉普拉斯算子模板

在理想的连续变化情况下，在二阶导数中检测过零点将得到梯度中的局部最大值。拉普拉斯算子具有各向同性和旋转不变性，是一个标量算子，但是二阶导数算子也存在一定问题，如对图像中的噪声相当敏感以及会产生双像素宽的边缘以及不能提供边缘方向的信息等。

为了克服拉普拉斯算子存在的上述问题，Marr 和 Hildreth 提出了高斯拉普拉斯算子（laplacian of gaussian，LOG），因此该方法也被称为 Marr 边缘检测算法。该方法先使用一个二维高斯函数对图像进行低通滤波，即使用二维高斯函数与图像进行卷积实现对图像的平滑，并在平滑后计算图像的拉普拉斯值；最后，检测拉普拉斯图像中的过零点，以此作为边缘点。

LOG 算子的函数形式为

$$LOG(x, \ y) = \left(\frac{\alpha^2}{\alpha x^2} + \frac{\alpha^2}{\alpha y^2}\right)\frac{1}{2\pi\sigma^2}\exp\left(-\frac{x^2+y^2}{2\sigma^2}\right)$$

$$= \frac{-1}{2\pi\sigma^4}\left[2 - \left(\frac{x^2+y^2}{\sigma^2}\right)\right]\exp\left[-\frac{\left(x^2+y^2\right)}{2\sigma^2}\right] \qquad (3\text{-}8)$$

LOG 算子的函数形状像一个草帽，所以也被称为墨西哥草帽算子。LOG 算子克服了拉普拉斯算子抗噪声能力比较差的缺点，但是由于在抑制噪声的同时也

可能将原有的图像边缘平滑掉，造成这些边缘无法被检测，因此对于高斯函数中参数的选择很关键。高斯滤波器为低通滤波器，其方差越大，对应的通频带越窄，对较高频率的噪声的抑制作用就越大，可以避免虚假边缘；同时，信号的边缘也被平滑了，会造成某些边缘点的丢失。反之，方差越小，则对应的通频带越宽，可以检测到图像更高频率的细节，但由于对噪声的抑制能力相对下降，因此容易出现虚假边缘。

（二）Canny 边缘检测算法

Canny 边缘检测算法是 1986 年由 John F.Canny 提出的一种基于图像梯度计算的边缘检测算法，是计算机视觉中应用最广泛的边缘检测方法。平滑去噪和边缘检测是一对矛盾，Canny 发现应用高斯函数的一阶导数，在二者之间可以获得最佳的平衡。下面是 Canny 边缘检测的具体步骤。

（1）使用高斯函数的一阶导数进行去噪和梯度计算，得到每个像素上梯度的方向和幅值。

（2）进行局部非最大值抑制，即比较每一像素和其梯度方向上相邻的两个像素，即如果梯度方向为水平，则将其与其左右相邻的两个像素进行比较；若梯度方向为垂直，则将其与其上下相邻的两个像素进行比较；若梯度方向为右上，则将其与其右上左下相邻的两个像素进行比较。如果该像素梯度的幅值不是局部最大值，则将其梯度幅值置为零，即只保留梯度方向上梯度幅值最大的那个像素，将有多个像素宽的边缘细化为只有一个像素宽。

（3）根据阈值进行选取，即梯度幅值大于某一阈值的像素才认为是边缘。传统的基于一个阈值的方法，若选择的阈值过小，则起不到过滤非边缘的作用；若选择的阈值过大，则容易丢失真正的图像边缘。Canny 提出了基于双阈值的方法很好地实现了边缘的选取。在实际应用中，双阈值还具有边缘连接的作用。设置两个阈值，其中 T_H 为高阈值，T_L 为低阈值，则有：①丢弃梯度幅值低于 T_L 的像素；②保留梯度幅值高于 T_H 的像素为强边缘；③梯度幅值在 T_L 与 T_H 之间的像素，若其连接到强边缘则保留，否则丢弃。

Canny 边缘检测示例见图 3-8,（a）为原始图像,（b）为高于低阈值的弱边缘,（c）为高于高阈值的强边缘,（d）为最终的 Canny 边缘检测结果。

（a）原始图像

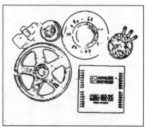

（b）高于低阈值的弱边缘

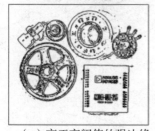

（c）高于高阈值的强边缘

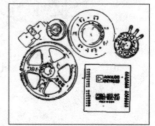

（d）最终的 Canny 边缘检测结果

图 3-8　Canny 边缘检测示例

四、傅里叶变换

傅里叶认为所有波都是由不同幅度、频率以及相位的正弦波所组成的，即时域的周期性连续信号可以在频域上由不同频率和幅度的正弦波叠加组成。例如，一个方波可以由无穷多个不同频率和不同幅度的正弦波叠加组成。如图 3-9 所示，把时域和频域放在一个坐标系中进行说明。傅里叶变换就是求取这些不同频率的正弦波的幅值。因为它们的频率基于原时域波形而有规律地变化，所以频率是已知的，同时，还包括一个为了符合原波形的幅度而引出的直流分量。

图像作为二维信号，其傅里叶变换与一维信号类似。在图像处理中，一般使用离散傅里叶变换。离散傅里叶变换可以将信号从时域变换到频域，而且时域和频域都是离散的，其变换公式为

$$F(k,\ l)=\sum_{i=0}^{N-1}\sum_{j=0}^{N-1}f(i,\ j)e^{-2\pi\left(\frac{k_i}{N}+\frac{l_j}{N}\right)} \tag{3-9}$$

式中，指数部分是傅里叶空间中一点 $F(k,\ l)$ 的基本函数。公式可以理解为频域中每一点 $F(k,\ l)$ 的值是通过将空域中图像的像素值与 $F(k,\ l)$ 对应的基本函数相乘然后相加得到的。基本函数是不同频率的正弦波和余弦波。$F(0,0)$ 表示图像的直流分量，对应图像中所有像素值的均值。$F(N\text{-}1,\ N\text{-}1)$ 对应最高频率部分的信号，即数字图像中可以包含的由图像的分辨率决定的最高频率。

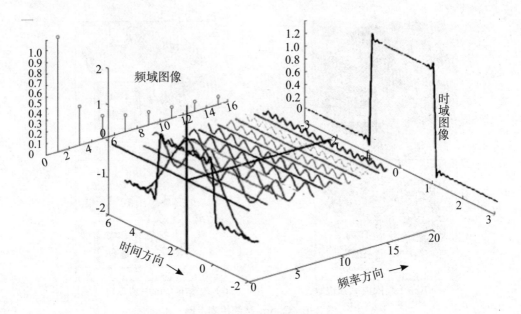

频域图像

时域图像

时间方向

频率方向

图 3-9 时域与频域

由式（3-9）可以看出，$F(k, l)$ 的值是通过所有像素的值计算得到的，因此图像中局部的变化会引起频率域中每个 $F(k, l)$ 的变化，即图像中任何位置的变化都会使其傅里叶变换的结果在所有位置上都发生变化。例如，由图像的傅里叶变换结果很难判断某种模式是否在图像中出现。

数字图像也是一种信号，对其进行傅里叶变换得到的是频谱数据。对于数字图像这种离散的信号，频率大小表示信号变化的剧烈程度，或者是信号变化的快慢。频率越高，则变化越剧烈；频率越低，则信号越平缓。对应到图像中，高频信号往往是图像中的边缘信号和噪声信号，而低频信号则包含图像轮廓及背景等信号。

傅里叶变换可以用于图像去噪，可以根据需要在频域对图像进行处理。如在需要去除图像中的噪声时，可以设计一个低通滤波器，去除图像中的高频噪声，但是往往也会抑制图像的边缘信号，这就是造成图像模糊的原因。以均值滤波为例，用均值模板与图像做卷积，在空间域做卷积，相当于在频域做乘积，而均值模板在频域是没有高频信号的，只有一个常量的分量，所以均值模板是对图像局部做低通滤波。除此之外，常见的高斯滤波也是一种低通滤波器，因为高斯函数经过傅里叶变换后，在频域的分布依然服从高斯分布，对高频信号有很好的滤除效果。图 3-10 所示为使用傅里叶变换进行低通和高通滤波的结果。

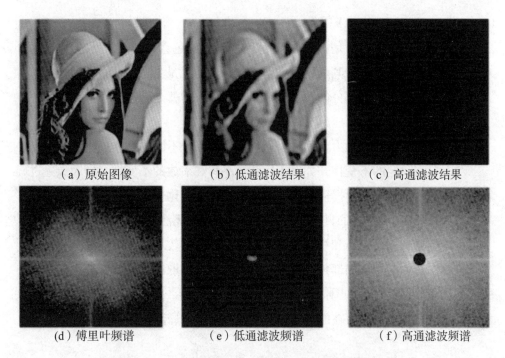

（a）原始图像　　　　　　（b）低通滤波结果　　　　　　（c）高通滤波结果

（d）傅里叶频谱　　　　　　（e）低通滤波频谱　　　　　　（f）高通滤波频谱

图 3-10　使用傅里叶变换进行低通和高通滤波的结果

　　傅里叶变换也可以用于图像增强及锐化，图像增强需要增强图像的细节，而图像的细节往往就是图像中高频的部分，所以增强图像中的高频信号能够达到图像增强的目的。图像锐化的目的是使模糊的图像变得更加清晰，其主要方式是增强图像的边缘部分，即增强图像中灰度变化剧烈的部分，所以通过增强图像中的高频信号能够增强图像边缘，从而达到图像锐化的目的。

第二节　图像的局部特征

　　特征是一个物体或一组物体具有的特性的抽象结果，用来描述概念，是物体可供识别的特殊的征象或标志。图像特征是指一个物体或一组物体的图像所具有特性的抽象结果，可用于通过图像识别该物体。图像特征可以分为全局特征与局部特征。全局特征是指能够描述整幅图像的特征，一般通过图像中的全部或大部分像素计算得到。常见的全局特征包括颜色直方图、形状描述子和GIST 等；局部特征相对来说就是基于局部图像块计算得到的，常见的局部特征包括尺度不变特征转换（scale-invariant feature transform，SIFT）和局部二值模式

（local binary pattern，LBP）等。

全局特征与局部特征是相对的。例如，图像的颜色直方图是常见的全局特征。对于一幅人脸图像，提取其颜色直方图，所提取的就是全局特征；而对于一幅行人的图像提取其中人脸部分的颜色直方图，所提取的就是局部特征。

通常来说，好的特征应具有以下特点：

（1）具有较强的判别力，即可以通过该特征区分不同的物体；

（2）具有一定的不变性，如对于旋转、平移和缩放的不变性，即图像经过旋转、平移和缩放之后，所提取的特征不发生变化或变化较小；

（3）计算简单，很多的具有实时性要求的应用是无法使用过于复杂的计算的。

由于全局特征受遮挡和视角变化等因素的影响比较严重，因此局部特征得到了越来越广泛的应用。局部特征是基于局部图像块提取的特征，其提取包括两个关键的步骤，即针对哪些图像块来提取特征和提取什么样的特征。可以通过角点检测的方法来选择角点所在的区域作为图像块来提取局部特征。

一、角点检测

计算局部特征时，需要选择那些具有判别力并且能够跟其他的图像块区分开来的图像块来计算。具有判别力的图像块可以用来进行两幅图像之间的匹配，以及用来进行物体表示。此外图像块的选择要具有旋转、平移和尺度不变性，即这个图像块进行旋转、平移和尺度变化之后，依然与其周围的图像块不同，依然具有判别力。

图3-11(a)中方框中的图像块就是一个判别力较差的图像块。该图像块与其周围的图像块，即图3-11(b)中的方框中的图像块非常相似。图3-11(c)中方框中的图像块就是一个较好的图像块，与其周围的图像块，即图3-11(d)中的方框中的图像块都不同，因此具有较强的判别力，可以有效地表现局部特征。

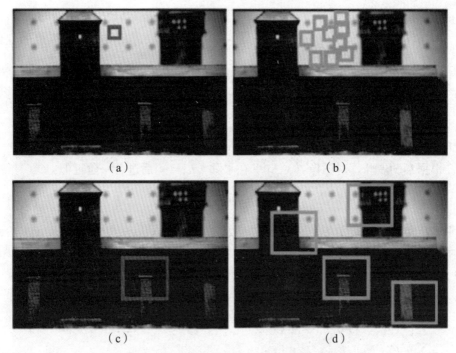

图 3-11　具有判别力和不具有判别力的图像块

（一）Harris 角点的检测

Harris 角点检测的思想认为，对于一个局部的小区域或小窗口，如果在各个方向上移动这个小窗口，窗口内的灰度或颜色都会发生较大变化时，则可以认为该小窗口包含角点；如果窗口在某一个方向移动，窗口内的灰度或颜色发生了较大的变化，而在另一些方向上没有发生变化，则窗口内包含边缘；如果窗口在图像各个方向上移动时，窗口内的灰度或颜色都没有发生变化，则该窗口就对应于平坦区域。角点如图 3-12 所示。

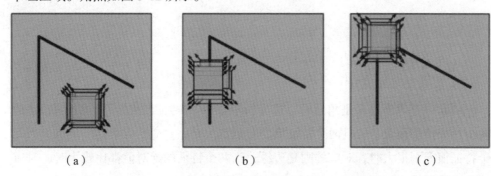

图 3-12　角点、边缘及平坦区域处的小窗口移动情况

图 3-12 中（a）为平坦区域，往各个方向移动都没有变化；（b）为边缘区域，

沿着边缘移动时无变化；（c）为角点，任何方向上的移动都会引起剧烈的变化。

对于图像 $I(x, y)$，当点 (x, y) 平移 (u, v) 后，其所在的小窗口的变化为

$$E(u, v) = \sum_{x, y} w(x, y)[I(x+u, y+v) - I(x, y)]^2 \quad (3\text{-}10)$$

式中，$w(x, y)$ 是窗口函数，可以是常数，也可以是高斯加权函数。

根据泰勒展开，对图像 $I(x, y)$ 在平移 (u, v) 后进行一阶近似：

$$I(x+u, y+v) \approx I(x, y) + uI_x(x, y) + vI_y(x, y) \quad (3\text{-}11)$$

式中，I_x 和 I_y 是图像 $I(x, y)$ 的偏导数，当在点 (x, y) 处平移 (u, v) 后，其所在的小窗口的变化可以简化为

$$\sum \left[I(x+u, y+v) - I(x, y) \right]^2$$
$$\approx \sum \left[I(x, y) + uI_x + vI_x - I(x, y) \right]^2$$
$$= \sum u^2 I_x^2 + 2uvI_xI_y + v^2 I_y^2$$
$$= \sum (u \quad v) \begin{pmatrix} I_x^2 & I_xI_y \\ I_xI_y & I_y^2 \end{pmatrix} \begin{pmatrix} u \\ v \end{pmatrix} \quad (3\text{-}12)$$
$$= (u, v) \left[\sum \begin{pmatrix} I_x^2 & I_xI_y \\ I_xI_y & I_y^2 \end{pmatrix} \right] \begin{pmatrix} u \\ v \end{pmatrix}$$

即

$$E(u, v) \approx [u \quad v] M \begin{pmatrix} u \\ v \end{pmatrix} \quad (3\text{-}13)$$

式中：

$$M = \sum_{x, y} w(x, y) \begin{pmatrix} I_xI_x & I_xI_y \\ I_xI_y & I_yI_y \end{pmatrix} \quad (3\text{-}14)$$

判断一个像素是否是角点可以通分析矩阵 M 的特征值来进行。当矩阵 M 的两个特征值都很大，并且两个特征值的差别不大时，对应的像素就是角点；当两个特征值差别很大时，对应的则是边缘；当两个特征的绝对值都比较小时，对应的是平坦区域。

Harris 角点检测方法并不需要计算具体的特征值，而是通过计算一个像素的

角点响应值 R 来判断该像素是否为角点。R 的计算公式为

$$R = \det（M）- k[\text{trace}（M）]^2 \tag{3-15}$$

式中，$\det（M）$ 为矩阵 M 的行列式；$\text{trace}（M）$ 为矩阵 M 的迹；k 为经验常数，取值范围为 0.04 ~ 0.06。增大 k 值，将减小角点响应值 R，降低角点检测的灵敏度，从而减少检测到的角点的数量；减小 k 值，将增大角点响应值 R，增加角点检测的灵敏度，从而增加检测到的角点的数量。特征值隐含在 $\det（M）$ 和 $\text{trace}（M）$ 中，即 $\det（M） = \lambda_1 \lambda_2$，$\text{trace}（M） = \lambda_1 + \lambda_2$。计算出 R 的值后，可以通过 R 的值来判断某个像素点是否是角点。当 R 值较大时，该像素为角点；当 R 值为负且绝对值较大时，该像素为边缘；当 R 值的绝对值较小时，该像素为平坦区域。

Harris 角点检测的具体算法如下：

（1）计算图像 $I(x, y)$ 在 x 和 y 两个方向的梯度 I_x，I_y；

（2）计算图像两个方向梯度的乘积 $I_x I_y$；

（3）使用窗口函数（高斯 / 常数）对 $I_{2x} I_{2y}$ 和 $I_x I_y$ 进行加权求和，生成矩阵 M；

（4）计算每个像素的 Harris 响应值 R，并将小于某一阈值 t 的 R 设置为零；

（5）在 3×3 或 5×5 的邻域内进行非最大值抑制，局部最大值点即为图像中的 Harris 角点。

Harris 角点检测具有以下性质：

（1）Harris 角点检测对亮度和对比度的变化不敏感。

这是因为在进行 Harris 角点检测时，使用了微分算子对图像进行微分运算，而微分运算对图像的亮度和对比度的变化不敏感，即亮度和对比度的变化并不会改变 Harris 响应的极值点出现的位置，但是选择不同的阈值可能会影响角点检测的数量。

（2）Harris 角点检测具有旋转不变性。

Harris 角点检测算子使用的是角点附近区域的灰度二阶矩矩阵，而二阶矩矩阵可以表示成一个椭圆，椭圆的长短轴是二阶矩矩阵特征值平方根的倒数。当特征椭圆转动时，特征值并不发生变化，所以角点响应值 R 也不发生变化，因此可以说明 Harris 角点检测算子具有旋转不变性，而其他的角点检测方法一般也具有旋转不变性。这是由于从直观上看，角点在图像旋转后依然是角点。

（3）Harris 角点检测不具有尺度不变性。

如图 3-13 所示，在左图中以一定大小的窗口进行角点检测时，检测不到角点，检测到的都是边缘。当左图被缩小时，在检测窗口尺寸不变的前提下，当该

窗口向任意方向移动时，该窗口内所包含图像的内容都会发生较大的变化。左侧的图像可能被检测为边缘或曲线，而右侧的图像则可能被检测为一个角点。这说明 Harris 角点检测不具有尺度不变性。

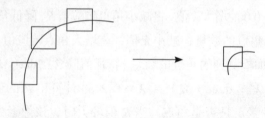

图 3-13 Harris 角点检测不具有尺度不变性

（二）SIFT 的检测

SIFT 可以在图像中检测多尺度的特征点，包括特征点的检测与特征点的表示两部分。

从图 3-13 中可以看出，使用同样大小的窗口是不能检测多个尺度上的特征点的。对于小尺度上的特征点，使用小窗口可以进行检测；对于大尺度上的特征点，则需要大的窗口来检测。检测尺度不变特征的基本想法是建立图像的金字塔表示，然后在三维的尺度空间 (x, y, σ) 中寻找极值点，其中，σ 表示尺度。

例如，可以使用不同尺度的高斯拉普拉斯滤波器来检测不同尺度上的特征点。具有较小尺度的 LOG 对于小的特征点会有较大的响应，而具有较大尺度的 LOG 对于大的角点会有较大的响应，因此可以通过在图像尺度空间 (x, y, σ) 中找到一系列的局部极值来检测不同尺度上的特征点。

由于在多个尺度上计算 LOG 的运算量过大，因此 SIFT 使用高斯差分（difference of Gaussians，DOG）来近似计算 LOG。高斯差分是通过对图像使用不同尺度的高斯核进行平滑，然后求差得到的，如图 3-14 所示。图 3-15 所示为高斯差分图像示例。对于原始图像，使用不同尺度的高斯核进行模糊，相邻图像求差得到高斯差分图像，然后再将图像的长和宽各缩小一半，使用不同尺度的高斯核进行模糊，相邻图像求差得到下一级的高斯差分图像。

...

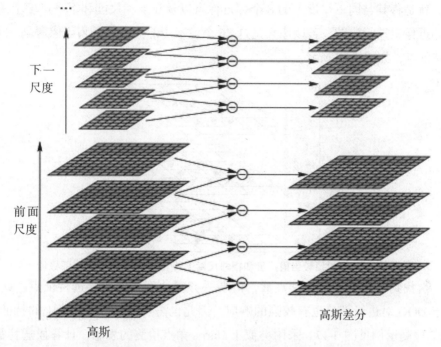

图 3-14 DOG

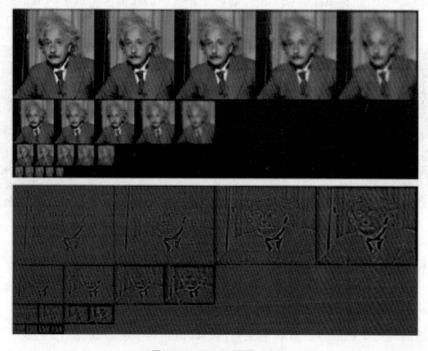

图 3-15 DOG 图像示例

得到高斯差分图像后，需要在空间和尺度上寻找局部极值。对于一个像素来说，就是将其与同一尺度上的 8 个邻近像素以及在上一尺度和下一尺度上的 18 个邻近像素进行比较。若该像素是这 26 个像素中的极值点，则该像素是一个候选特征点，如图 3-16 所示。

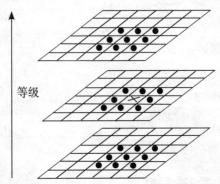

等级

图 3-16　通过比较当前尺度和相邻尺度上的 26 个邻近点找到局部极值

当找到一系列候选特征点后，需要丢弃对比度较低的候选特征点。此外，由于 DOG 对边缘部分也有较强的响应，因此也需要去除位于边缘上的特征点。SIFT 检测示例见图 3-17。采用类似于 Harris 角点检测的思想，计算候选特征点对应的 2×2 的海森矩阵的特征值，若两个特征值的比值大于给定阈值，则说明该候选特征点位于边缘上，应丢弃该候选特征点。

（a）　　　　　　　　　　（b）　　　　　　　　　　（c）

图 3-17　SIFT 检测示例

注：（a）各个尺度上的 DOG 图像中的局部极大值；

　　（b）去除低对比度点后的候选点；

　　（c）去除位于边缘上的点后的候选点

然后为每个特征点设置一个主方向，以得到对于旋转具有不变性的特征表示。计算特征点的主方向时，首先应计算其邻域中的梯度方向直方图，直方图中的峰值对应的方向作为特征点的主方向。若其邻域中的梯度方向直方图中有两个或两个以上的峰值，则为每个峰值再分离出一个特征点；若一个特征点邻域内的梯度方向直方图中有两个峰值，则将这个特征点看作是两个特征点，这两个特征点具有相同的位置、尺度以及不同的主方向，因此 SIFT 特征点包含四个维度的信息，即位置（x,y）、尺度（σ）和主方向。

二、区域表示

检测到特征点之后，要在以特征点为中心的一个邻域内建立特征点的表示。一个好的表示要具有一定的对于旋转、平移、缩放以及光照变化的不变性。例如，对于特征点匹配来说，两幅图像的拍摄条件可能不同，包括不同的光照、不同的相机、不同的视角等，因此对于特征点的表示需要具有对这些条件的不变性，才可以有效地进行匹配。例如，使用正方形邻域内的像素来表示 Harris 角点的，则 Harris 角点的检测具有旋转不变性，但是其表示就不具备旋转不变性；而若采用圆形邻域内的像素来表示 Harris 角点，则该表示就具有对于图像平面内旋转的不变性。

（一）梯度方向直方图

一个好的特征点的表示应该具有以下性质：当中心的位置有少许误差时，该表示的变化不大；当邻域的大小有少许变化时，该表示的变化不大；当邻域的光照发生变化时，该表示的变化不大；同时，由于具有较大幅值的梯度比具有较小幅值的梯度更为稳定，因此具有较大幅值的梯度应该在表示中更为重要。

直接使用邻域内的像素值来进行区域表示对于光照的变化过于敏感。使用区域内的边缘来进行表示对于光照变化具有一定的不变性。例如，当光照变亮时，虽然由于不同物体的反照率不同，而导致位于不同物体上的像素的像素值的增加量也不同，但是像素间的相对明暗一般不会发生变化，边缘依然是边缘，只是边缘的幅值大小会发生变化，但是边缘的方向一般不会发生变化。此时，具有较大幅值的边缘比具有较小幅值的边缘要更加鲁棒。

根据这些观察，可以使用邻域内利用梯度幅值加权的梯度方向直方图来表示特征点的邻域，同时，为了克服直方图不考虑位置信息的缺点，使表示更具判别力，可以将邻域划分为多个小的窗口，然后，在每个小窗口内计算梯度方向直方图，并将所有窗口内的梯度方向直方图连接起来作为最终的区域表示。

梯度方向直方图（histogram of oriented gridient，HOG）就是基于上述思想来进行区域表示的，即目标的外观和形状可以使用梯度方向的分布来进行描述，而无须知道具体的梯度大小和边缘的位置。计算 HOG 时，可以将图像分为小的胞元，计算每个胞元内的一维的梯度方向直方图，同时，为了对光照等变化具有更好的不变性，需要对梯度方向直方图进行归一化。归一化时可以将胞元组成更大的块，将块内的所有胞元统一进行归一化。归一化后的块描述符称为 HOG 描述子。将检测窗口中的所有块的 HOG 描述子组合起来就形成了最终的特征向量，将其作为对于窗口的特征表示。

在建立梯度方向直方图时，首先，将梯度方向划分为若干个区间；其次，将胞元内的每个像素点的梯度方向以梯度幅值作为权重投影到这些区间中，便可以得到一个胞元对应的梯度方向直方图。显然，一个胞元的梯度方向直方图的维数为所划分的区间的个数，每维的大小为投影到该区间上的梯度幅值之和。例如，针对如图 3-18 所示的梯度方向和梯度幅值，若将所有的梯度方向分为 9 个区间，每个区间的中心角度分别为 10°，30°，…，170°，使用梯度幅值的大小作为权重，计算得到的结果如图 3-19 所示。

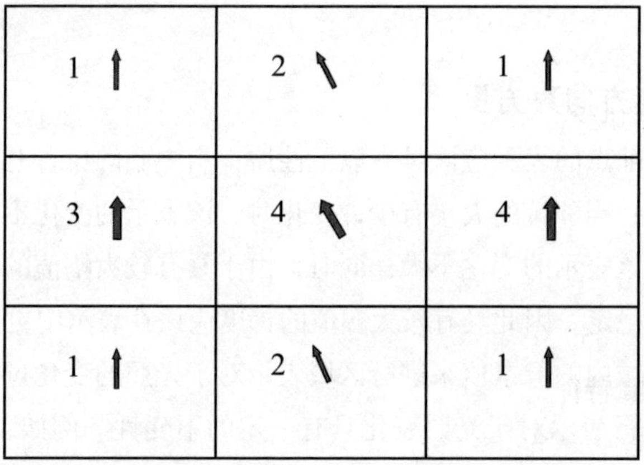

1 ↑	2 ↖	1 ↑
3 ↑	4 ↖	4 ↑
1 ↑	2 ↖	1 ↑

图 3-18　梯度方向和梯度幅值示例

注：图中数字表示梯度幅值的大小，箭头方向表示梯度的方向

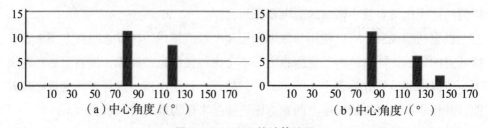

图 3-19　HOG 的计算结果

注：(a) 直接计算的结果；(b) 将梯度方向通过加权累加到两个相邻的区间中得到的结果

但是这样计算得到的表示存在着不稳定的问题。设想针对上述的区间划分，如果某些像素的梯度方向为 141°，则这些像素的梯度方向会被累加到中心角度为 150° 的区间中，而如果由于噪声影响，或者图像发生了轻微的旋转，那么这些像素的梯度方向被计算为（或变为)139°，则这些像素的梯度方向会被累加到中心角度为 130° 的区间中，从而由于噪声或者轻微旋转的影响，计算得到的梯度方向直方图将会变化很大，也就是说所得到的表达对于噪声或者旋转不具有鲁棒性。因此，需要将梯度方向通过加权累加到两个相邻的区间中。例如，对于梯度方向为 135° 的那些像素，需要将其累加到中心角度为 130° 和 150° 的两个区间中，权重分别为 0.75 和 0.25，即梯度方向与某个区间的中心角度越接近，则该区间对应的权重越大，通过这种方式得到的梯度方向直方图如图 4-9(b) 所示。此时得到的梯度方向直方图对于噪声或者轻微旋转将具有较好的鲁棒性。

实际使用时，将一个窗口划分为若干个块，每个块包含多个胞元，通过将块中的所有胞元的梯度方向直方图连接起来，可以得到块对应的梯度方向直方图。然后将窗口中的所有块的梯度方向直方图连接起来，就可以得到整个窗口的梯度方向直方图。

窗口内块与块之间是可以有重叠的。文献推荐的检测窗口大小为 64×128，其水平方向包括（$64-8 \times 2$)/8 + 1 = 7 个块，这里的 64 为窗口宽度，每个块包括 2×2 个胞元，每个胞元包括 8×8 个像素，块水平移动的步长为一个胞元的宽度，即 8 个像素。其垂直方向包括（$128-8 \times 2$)/8 + 1 = 15 个块，因此窗口中一共包含 7×15 = 105 个块，每个块的梯度方向直方图的维数为 9×4 = 36，那么整个窗口的 HOG 特征向量的维数为 3 780。

（二)SIFT 的表示

在检测到 SIFT 特征点后，即得到了 SIFT 特征点的位置、尺度和方向信息后，就需要生成特征点对应的特征向量，SIFT 特征点的特征向量的计算包括以下三个步骤：

1. 校正主方向以得到旋转不变性

SIFT 的表示与 HOG 非常类似，也是取特征点的一个邻域，使用邻域内的梯度方向直方图来表示。有一点重要的区别是 SIFT 在计算梯度方向直方图时，是相对特征点的主方向来计算的，从而使计算出的表示具有旋转不变性。具体即以特征点为中心，将坐标轴旋转特征点的主方向对应的角度，即将坐标轴旋转为与特征点的主方向重合。

2. 生成 128 维的特征向量

如图 3-20 所示，每个梯度方向直方图是 8 维的，每个特征点的表示包括 4×4 个梯度方向直方图（为了便于显示，图 3-20 中使用了 2×2 个梯度直方图来示意），因此 SIFT 的特征描述符为 128 维。

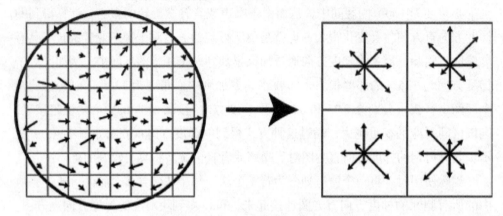

图 3-20 SIFT 描述子计算过程

3. 归一化处理来去除光照的影响

为了使 SIFT 的表示具有对于光照变化的不变性，需要对这个 128 维的向量进行归一化。具体为归一化特征向量，使其模为 1。这样当图像中像素的梯度幅值整体变大或者变小时，所得到的描述符是不变的，然后强制单位向量中每一维的大小都不能大于 0.2，即如果有的维度的值大于 0.2，则将其设置为 0.2，然后重新将向量归一化为模为 1 的向量。这样做是为了避免对梯度幅值很大的像素的影响过大，而更多地考虑梯度方向的分布信息。

第三节　图像分割

图像分割是中层视觉问题，也是计算机视觉中的经典问题。自 20 世纪 60 年代以来，很多图像分割的算法被提出，并且被广泛应用于医学影像分析、智能交通、气象预测、地质勘探、人脸识别等诸多领域中。

图像分割是指根据一定的准则将图像划分成不同区域的过程。中层视觉的目标主要是解决如何在底层视觉的基础上得到紧致并且具有表达力的图像表示的问题，而图像分割可以将图像划分为若干个子区域，以便于进一步对各子区域进行表示，实现中层视觉对图像进行抽象表达的目的。

从人的感知机制来看，图像分割与人的感知机制具有类似的方面。人类的视觉会下意识地将看到的东西进行分组，物体或场景的上下文将影响人们对物体或场景的感知。分组一般是依据格式塔因素进行。格式塔是由德国心理学家Max Wertheime 等在 20 世纪早期提出的，其基本思想是，当若干个元素具有一个或者多个相同的属性时，人们倾向于将这些元素组合在一起，形成一个较大的视觉元素。这些属性包括邻近性、相似性、封闭性、连接性以及对称性等。格式塔的相关理论已经被广泛应用于计算机视觉、计算机图形学等领域的研究中。例如，场景补全、图像和场景的抽象、线画图的分析与合成以及生成新的图像等。这些感知机制也被广泛地应用于图像分割方法中。

一、图像分割的定义

给定一幅图像 I 和一个一致性逻辑谓词 P，将图像分割为 n 个区域 R_i 需要满足以下条件：

① $\bigcup_{i=1}^{n} R_i = I$ ；

② R_i 为连续区域，对所有 $i = 1, 2, \cdots, n$ ；

③ $R_i \cap R_j = \phi$，对所有 $i \neq j$ ；

④ $P(R_i) = \text{TRUE}$，对所有 $i = 1, 2, \cdots, n$ ；

⑤ $P(R_i \cap R_j) = \text{FALSE}$，对所有 $i \neq j$ 。

即所有区域的并集为整个图像（条件①），每一个区域是一个连续的区域（条件②），区域之间的交集为空（条件③），对于每一个区域，一致性逻辑谓词 P 成立（条件④），对于任何两个区域的并集，一致性逻辑谓词 P 不成立（条件⑤）。若要将图 3-21 中的图像分割为两个区域，一致性逻辑谓词为区域内的像素具有相同的颜色，则应将其中的图像分为左右两部分；而其他分割方式都不满足上述条件。这也是图像分割的基本假设，即同一区域内的像素具有相似的视觉特征，而不同区域的像素具有不同的视觉特征。

图 3-21　图像分割示例

一致性逻辑谓词可以有多种形式，如具有相同 / 相似的颜色，具有相同 / 相似的纹理等。图像分割的过程就是对图像中的每一个像素赋予一个标签的过程，具有相同标签的像素属于同一区域，而属于同一区域的像素则具有某种相似的视觉特征。

二、基于区域的图像分割方法

在图像分割研究的早期，通常是基于图像分割的基本假设，即同一区域内的像素具有相似的视觉特征，而不同区域的像素具有不同的视觉特征，来进行图像分割。根据图像分割的基本假设，采用两类策略对图像进行分割，一类是利用图像中不同子区域内的相似性，即在图像的子区域内，像素通常具有某种性质的一致性，如具有一致的颜色、灰度或者纹理；另一类则是利用不同子区域间的不连续性，即不同子区域间存在信息的突变（即存在边缘）来进行图像的分割。通过边缘检测算法找到图像中可能的边缘点后，再把可能的边缘点连接起来形成封闭的边界，从而形成不同的分割区域。边缘检测的方法在第 3 章中已经介绍过，本节将主要介绍基于区域的图像分割方法。

与基于边缘的分割方法不同，基于区域的分割方法考虑的是在分割的子区域内部，像素应该具有相同或者类似的视觉特性。通过迭代将邻近的并且具有相似性质的像素或者区域进行合并来最终实现图像的分割。

（一）区域生长法

区域生长法的基本思想是将具有相似性质的像素聚集到一起构成区域。首先，指定一个种子像素或种子区域作为区域生长的起点；然后，对其邻域中的像素进行判断，若与种子像素具有相同或者相似的性质，则合并该像素。新合并的像素继续作为种子向周围邻域生长，直到周围邻域不再存在满足条件的像素为止。

一个区域生长的实例如图 3-22 所示。如果以图 3-22(a) 中间像素值为 4 的像素作为初始种子点，在 8 邻域内，生长准则是待测点像素值与生长点像素值的差别小于 2，那么最终的区域生长结果为图 3-22(b) 所示。

区域生长法的优点在于实现简单，运行速度快，但是在区域间灰度变化比较平缓时，有可能将两个不同的区域合并为一个，造成分割的错误。

2	4	0	1	1
2	2	9	5	2
7	6	(4)	5	9
3	7	5	5	6
3	8	6	7	6

2	4	0	1	1
2	2	9	(5)	2
7	6	(4)	(5)	9
3	7	(5)	(5)	(6)
3	8	(6)	(7)	(6)

（a）原始图像　　　　　　　　（b）区域生长后的结果

图 3-22　一个区域生长的实例

（二）区域分裂与合并法

区域的分裂与合并法的假设是一幅图像经过分割得到的各个子区域是由一些相互连通的像素组成的，因此，从整个图像出发，不断分裂得到各个子区域，再把部分区域按照某种性质进行合并，实现最终的图像分割。即先将图像分割成一系列任意不相交的区域，再对各个区域进行分裂或者合并。常用的图像的分裂和合并所使用的空间结构为四叉树。基于区域分裂的图像分割如图 3-23 所示。

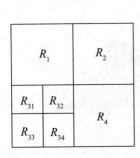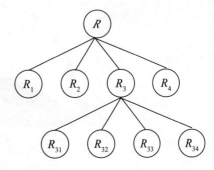

图 3-23　基于区域分裂的图像分割

定义一个一致性逻辑谓词 $P(R)$，从整幅图像开始进行分裂，在分裂的过程中，若 $P(R) = \text{TRUE}$，则认为区域 R 不需要进一步分割，否则将区域 R 分裂为四个部分，对每一个部分继续进行判断是否需要进行进一步的分裂。图 3-23 中将整幅图像分裂为四个部分，其中，第三部分 R_3 又进一步分裂为 $R_{31} \sim R_{34}$。在合并过程中，若两个区域合并后 $P(R_i \cup R_j)$ = TRUE，则对这两个区域进行合并，否则不进行合并。

区域分裂与合并法的关键是分裂与合并准则的设计，即逻辑谓词 P 的设计。例如，可以定义当区域 R_i 内有超过 90% 的像素满足 $I_{ij} - m_i \leq \sigma_i$ 时，$P(R_i)$ = TRUE，其中 I_{ij} 为区域 R_i 中的第 j 个像素的像素值，m_i 为区域 R_i 中像素值的均值，σ_i 为区域 R_i 中像素值的标准差。

区域分裂与合并法对于复杂图像的分割效果较好，但算法比较复杂，同时，分裂还可能破坏区域的边界。

（三）分水岭算法

分水岭算法是 1991 年由 L.Vincent 提出的，是一种基于拓扑理论的数学形态学的分割方法，其基本思想是把图像看作是测地学上的拓扑地貌。图像中的每个像素的灰度值表示该点的海拔高度，每个局部极小值及其影响区域称为积水盆地，积水盆地的边界形成分水岭，通过分水岭可以把图像分割为不同的区域。分水岭形成过程可以通过模拟浸入来说明。在每个局部极小值处，刺一个小孔，然后把整个模型慢慢浸入水中，水将会通过小孔渗入形成积水盆地。随着浸入的加深，每个局部极小值形成的积水盆地慢慢向外扩展，在两个积水盆地的汇合处构筑堤坝，防止两个积水盆地合并为一个大的盆地，所构建的堤坝就是分水岭，如图 3-24 所示。

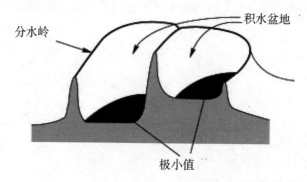

图 3-24 分水岭算法示意

设图像中的最小像素值为 $v_{\min}$，最大像素值为 $v_{\max}$，因此分水岭算法的具体过程为从像素值 $k = v_{\min}$ 开始，直到 $k = v_{\max}$，对每一个具有像素值 k 的像素进行判断，若其只与一个区域相邻，则将这个像素加入该区域；若其与多于一个区域相邻，则标记该像素为边界（分水岭）；若该像素不与任何一个区域相邻，则创建一个新的区域。

分水岭分割算法如图 3-25 所示。图 3-25（a）为一幅 3×3 的图像。使用 4 邻域，从像素值为 0 的像素开始，由于其不与任何一个区域相邻，因此建立一个新的区域 R_1，像素值为 1 的像素由于只和 R_1 相邻，因此加入 R_1；像素值为 2 的像素不与任何一个区域相邻，因此建立第二个区域 R_2；像素值为 3 的像素也加入 R_2；像素值为 6 和 7 的像素就是分水岭。分割结果如图 3-25（b）所示。

分水岭算法对于变化平缓的图像会存在问题。例如，对于图 3-25（c）中的图像，采用分水岭算法将会只得到一个区域。此时可以先对图像求梯度，然后再在梯度图像上使用分水岭算法进行分割。

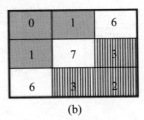

图 3-25　分水岭分割算法实例

分水岭算法在计算量上具有一定的优势，适合需要实时处理的场合，而且其可以获得一条闭合的分割曲线，便于进行后续的处理，但是这种算法对于噪声非常敏感，而且容易产生过分割，因此解决方法为在进行分水岭算法之前，对图像进行滤波，以尽量去除噪声。另外，也可以通过手工设定种子点，只在种子点上运行分水岭算法来解决过分割的问题。

三、基于聚类的图像分割方法

图像中的每个像素可以看作是高维特征空间中的一个点。如果使用颜色的三个通道的值来表示像素，那么每个像素就是三维空间中的一个点，使用颜色和坐标来表示像素，每个像素就是五维空间中的一个点。可以把这些点聚为不同的类，每一类具有某种相似的属性。例如相似的颜色，或者相似的位置等，就实现了图像分割。

（一）层次聚类与分裂聚类

层次聚类初始每个点为一个单独的类别，合并具有最小类间距离的两个类，直到得到满意的聚类结果。

合并两个类时，可以采用统计的方法进行。如果每个区域中像素的灰度值服从正态分布，两个相邻的区域 R_1 和 R_2 分别包含 m_1 和 m_2 个像素，那么存在以下两个假设。

$\mathbf{H}_0$：如果两个区域属于同一个物体，那么两个区域中的所有像素的灰度值都服从于同一个正态分布 $N_0(0, \sigma_0)$。

$\mathbf{H}_1$：如果两个区域属于不同的物体，两个区域中的像素的灰度值分布服从于不同的正态分布 $N_1(0, \sigma_1)$ 和 $N_2(0, \sigma_2)$。那么 $\mathbf{H}_0$ 的概率为

$$p\left(g_1, g_2, \cdots, g_{m_1+m_2} \big| \mathbf{H}_0\right) = \prod_{i=1}^{m_1+m_2} p(g_i|\mathbf{H}_0)$$

$$= \frac{1}{\left(\sqrt{2\pi}\sigma_0\right)^{m_1+m_2}} e^{-\frac{m_1+m_2}{2}} \qquad (3\text{-}16)$$

式中，g_i 为第 i 个像素的灰度值。

若 $\mathbf{H}_1$ 的概率为

$$p\left(g_1, g_2, \cdots, g_{m_1}, g_{m_1+1}, \cdots, g_{m_1+m_2} \big| \mathbf{H}_0\right) = \frac{1}{\left(\sqrt{2\pi}\sigma_1\right)^{m_1}} e^{-\frac{m_1}{2}} \frac{1}{\left(\sqrt{2\pi}\sigma_2\right)^{m_2}} e^{-\frac{m_2}{2}}$$

$$(3\text{-}17)$$

则

$$L = \frac{p\left(g_1, g_2, \cdots, g_{m_1+m_2} \big| \mathbf{H}_1\right)}{p\left(g_1, g_2, \cdots, g_{m_1+m_2} \big| \mathbf{H}_0\right)} = \frac{\sigma_0^{m_1+m_2}}{\sigma_1^{m_1} \cdot \sigma_2^{m_2}} \qquad (3\text{-}18)$$

若 L 大于 1，则表明两个区域不应合并，否则应该进行合并。

分裂聚类初始所有点为一个类，将该类分裂为两个具有最大类间距离的两个类，并对所得到的两个类继续进行分裂，直到得到满意的聚类结果。例如，可以首先将整幅图像视为一个类别，计算图像的直方图，然后找到一个阈值将直方图的波峰分开，并不断重复此操作，直到每个区域的直方图比较平缓或者区域的面积小于一定的阈值。

（二）基于 K-means 的图像分割

基于 K-means 的图像分割方法与 K-means 聚类算法类似。首先，对图像中的每个像素建立特征表示（如使用颜色表示像素或者使用颜色加位置来表示像

素）；其次，通过将图像中的所有像素通过 K-means 聚类算法聚为 K 类，从而实现将图像分割为 K 个区域。

　　像素的特征表示对基于 K-means 的图像分割方法的影响很大，特别是当不同维度上的特征的取值范围差别很大时，取值范围大的特征将在聚类中起决定性作用，而取值范围小的特征将基本不起作用，如图 3-26 所示。使用二维特征（平面坐标）表示的 4 个像素，当两个维度的取值范围相当时（如都使用 cm），聚类结果是分为左右两类；而当改变其第二维度的范围后（cm 变为 mm，相当于取值范围大了 10 倍），聚类结果分为上下两类，因此在使用基于 K-means 的图像分割方法时，需要对像素各个维度上的特征进行规范化处理，使各个维度上的特征具有相似的取值范围。

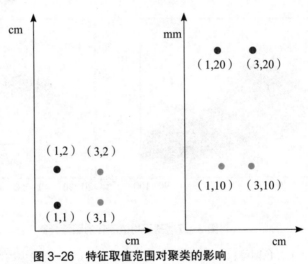

图 3-26　特征取值范围对聚类的影响

（三）基于均值迁移的图像分割

　　均值漂移方法是 1975 年由 Fukunaga 和 Hostetler 提出的。基于均值漂移的图像分割方法的基本思想是将图像中的每个像素使用某种特征进行表示，然后每个像素就被映射到一个特征空间。在特征空间中进行聚类时，通常要使用一些假设。例如，基于 K-means 的方法需要假设聚类的个数已知，基于多高斯模型的方法需要假设类别的形状已知等，但是实际的数据可能并不满足这些假设。基于均值漂移的图像分割如图 3-27 所示。其中，图 3-27（a）中的图像的像素映射到图 3-27（b）所示的 luv 特征空间后，无法使用 K-means 方法或者多高斯模型来聚类。对于这种情况下的聚类，需要使用无参数的方法，这是由于无参数的方法对特征空间没有进行假设。无参数方法分为两种，一种方法是前面提到的层次聚类和分裂聚类，另一种方法则是密度估计。密度估计方法将特征空间看作是特征参数（如 *luv*）的概率密度函数，特征空间中的密集区域对应于概率密度函数的局部极值。

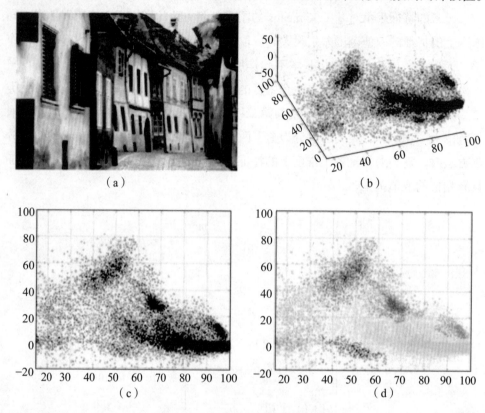

（a）　　　　　　　　　　　　（b）

（c）　　　　　　　　　　　　（d）

图 3-27　基于均值漂移的图像分割

（a）输入的彩色图像；（b）*luv* 空间中的像素分布；（c）*luv* 空间中的像素分布；（d）*luv* 空间中通过均值漂移得到的聚类结果

可以使用下面的函数作为概率密度函数。

$$f(x) = \frac{1}{n}\sum_{i=1}^{n} K(x_i - x;\ h) \qquad (3\text{-}19)$$

式中，h 为参数；n 为样本的个数；K 为式（3-20）所示的函数。

$$K(x;\ h) = \frac{(2\pi)^{-\frac{d}{2}}}{h^d}\exp(-\frac{\|x\|^2}{2h}) \qquad (3\text{-}20)$$

其中，d 为像素特征向量的维数。K 的性质是将 K 放置在任何一点上，当该点周围的点很多时，k 值较大，否则较小。这个函数是一个密度函数，即该函数是非负数的，而且积分为 1。

引入 $k(u) = \exp\left(-\dfrac{1}{2}u\right)$ 以及 $C = \dfrac{(2\pi)^{-\frac{d}{2}}}{nh^d}$ ，式（3-19）可以写为

$$f(x) = C \sum_{i=1}^{n} k\left(\left\|\dfrac{x - x_i}{h}\right\|^2\right) \tag{3-21}$$

任意给定一个点 x_0 ，可以通过对密度函数求导，来找到其附近的极值点，即通过计算

$$y^{(j+1)} = \dfrac{\sum_i x_i g\left(\left\|\dfrac{x_i - y^j}{h}\right\|^2\right)}{\sum_i g\left(\left\|\dfrac{x_i - y^j}{h}\right\|^2\right)} \tag{3-22}$$

来不断更新 y 值，其中 $g = \dfrac{\mathrm{d}}{\mathrm{d}u} k(u)$ ，此处具体推导过程略。当前后两次的 y 值变化小于给定阈值时，就找到了 x_0 附近的极值点。此处 $y(0) = x_0$ 。

基于均值漂移的图像分割方法具体过程：首先，对于图像中的每一个像素，计算其某种特征表示；其次，通过式（3-22）得到其对应的极值点，对所有得到的极值点进行聚类；然后每一个像素划归其对应的聚类中心所属的区域即可。

四、基于图的图像分割

基于图的图像分割是根据图像建立一个图模型，每个像素作为图的一个顶点，像素之间以边进行连接。边的权重表示相连的两个像素的相似程度，两个像素越相似，对应的边的权重越大。边的连接方式包括以下三种：

（1）全连接：任意两个像素之间都有边相连。全连接的复杂度过高，在实际使用时一般无法使用。

（2）相邻像素连接：只有相邻（8 近邻或 4 近邻）的像素之间才有边相连。相邻像素连接方式的计算速度快，但是只能表示非常局部的关系。

（3）局部连接：在一定邻域内的像素之间都有边相连。是上述两种方法的折中。兼顾了计算速度和像素之间的关系。

边的权重可以通过式（3-23）计算：

$$aff(xy) = \exp\left[-\dfrac{1}{2\sigma_d^2}\left\|f(x) - f(y)\right\|^2\right] \tag{3-23}$$

式中，$f(x)$ 可以是像素 x 的位置特征、灰度特征、颜色特征以及纹理特征等。

给定一幅图像，可以建立一个图 $G = \{V, E, W\}$，其中 V 为顶点集合，表示图像中的所有像素；E 为边的集合；W 为顶点之间的相似矩阵，表示的是边的权重。建立图后，可以通过把图中的顶点分为不同的部分，相当于将顶点对应的像素分为不同的部分来实现图像的分割。划分时尽量使得同一部分中的顶点（像素）之间彼此相似，而不同部分的顶点之间差异较大。下面以把图中的顶点分为两部分为例进行说明。通过移除图中的一些边，可以把图分为 A 和 B 两部分，并且 A 与 B 的并集是整个图，A 与 B 的交集是空集。这两部分之间的不相似性可以通过所移除边的权重之和来表示，在图论中称为割（cut）。

$$cut(A, B) = \sum_{u \in A, v \in B} w(u, v) \tag{3-24}$$

即将图分为 A 和 B 两部分，所有连接 A 和 B 的边的权重之和为割的值，因此最优的分割是最小割对应的划分。这是由于两个像素越相似，其对应的边的权重越大，因此要使连接不同部分之间的边的权重之和最小，就是要求处于不同部分中的顶点之间的差别最大，但是最小割会倾向于将图分为包含很少的顶点的部分，如图 3-28 所示。由割的定义可以看出，当某个部分包含较少的顶点时，该部分与其他部分连接的边也会相应较少，从而使最小割对应的划分倾向于划分出包含很少顶点的部分。

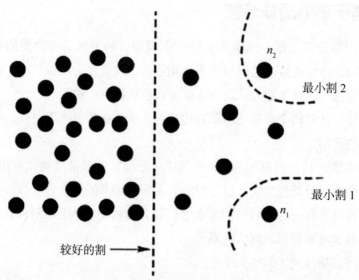

图 3-28　最小割导致将图像分割为很小的部分

将顶点 n_1 和 n_2 单独划分为一个部分，得到的割的值要小于所期望的将顶点

分为左右两部分的割因此可以使用 Normalized Cut 进行图像分割，将其定义为

$$Ncut(A, B) = \frac{cut(A, B)}{\text{assoc}(A, V)} + \frac{cut(A, B)}{\text{assoc}(B, V)} \tag{3-25}$$

式中，assoc (A, V) 为

$$\text{assoc}(A, V) = \sum_{u \in A, t \in V} w(u, t) \tag{3-26}$$

表示有一个端点在 A 中的所有的边的权值之和。当某个割将图分为两部分，两部分之间的边较少且具有较低的权重，且每部分内部的边具有较高权重时，其对应的 $Ncut$ 的值较小，通过寻找具有最小值的 $Ncut$，可以实现有效的图像分割。

五、基于马尔科夫随机场的图像分割

图像分割的过程就是对图像中每一个像素赋予一个标签的过程。给定一幅 $n \times n$ 的图像，图像中的每个像素 s 的特征为 f_s。f_s 可以是灰度值、颜色值或者更高维度的特征。定义一个标签的集合 A，每个像素被分配一个标签 $\omega s \in A$，则所有可能的分割情况有 $|A| n \times n$ 种。

可以定义一个概率度量 $P(\omega \mid f)$ 来表示对于在 f 下得到分割结果 ω 的概率，因此分割问题就转化为最大后验（maximum a posteriori，MAP）估计问题。可以使用马尔科夫随机场来进行计算。

当以下条件成立时，标记场 X 可以视为马尔科夫随机场：

（1）对于所有的 $\omega \in A : P(X = \omega) > 0$；

（2）对于每一个 $s \in S$ 和 $\omega \in A$，$P(\omega s \mid \omega r, r \neq s) = P(\omega s \mid \omega r, r \in N_s)$ 其中 N_s 表示像素 s 的邻域。

$$P(\omega) = \frac{1}{Z} \exp[-U(\omega)] = \frac{1}{Z} \exp\left[-\sum_{c \in C} V_c(\omega)\right] \tag{3-27}$$

根据 Hammersley-Clifford 定理，一个随机场是马尔科夫随机场当且仅当

$$Z = \sum_{\omega \in \Omega} \exp[-U(\omega)] \tag{3-28}$$

式中，Z 为归一化常量，从而可以通过团势能来定义马尔科夫随机场模型。

给定一个邻域的定义，如 4 邻域或者 8 邻域。团定义为 S 的一个子集，使在这个子集中的每对像素之间都彼此相邻。包含 n 个像素的团称为 n 阶团。8 邻域

下的 1～4 阶团及非团像素集合如图 3-29 所示。

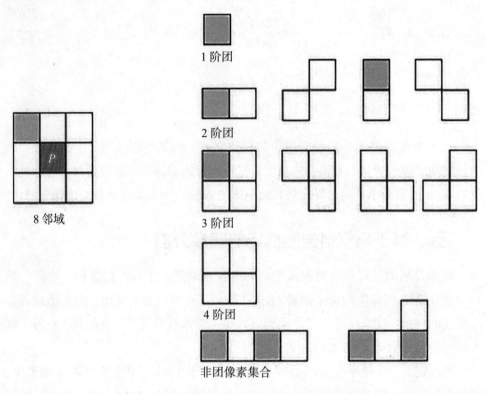

图 3-29   8 邻域下的 1～4 阶团及非团像素集合

对于图像中的每一个团 c，其团势函数为 $V_c(\omega)$，其中 ω 为团 c 中各像素的标签分配。图像中所有团的势之和，表示了所对应的标签分配的能量，即

$$U(\omega) = \sum_{c \in C} V_c(\omega) = \sum_{c \in C_1} V_{c_1}(\omega_1) + \sum_{(i,\ j) \in C_2} V_{c_2}(\omega_i,\ \omega_j) + \cdots \qquad (3\text{-}29)$$

因此，只要定义了各阶团的势能，就可以使用马尔科夫随机场来进行图像分割了。此处以灰度图像分割为例进行具体说明，只使用 1 阶团和 2 阶团。每个像素使用其灰度值作为特征。若使用高斯分布来建模像素的灰度，则当 1 阶团势能正比于给定标签 ω 的情况下，像素取值概率 $\lg[P(f \mid \omega)]$。2 阶团的势能可被视为平滑性约束，即相邻的像素其标签应该相同。2 阶团的势能可以定义为

$$V_{c_2}(i,\ j) = \beta\alpha(\omega_i,\ \omega_j) = \begin{cases} -\beta & \text{当} \omega_i = \omega_j \\ +\beta & \text{当} \omega_i \neq \omega_j \end{cases} \qquad (3\text{-}30)$$

β 值越大，则分割出的区域越平滑。

像素灰度的高斯分布的参数，如果有训练数据，那么可以从训练数据中获得；如果没有训练数据，那么可以采用最大期望算法来获得。建立团的势能函数后，可以通过梯度下降法来进行优化，在有好的初值的情况下可以得到较好的结果，或者可以通过模拟退火方法进行优化。

六、基于运动的图像分割

上述图像分割方法都是基于区域内的像素的外观彼此相似，不同区域中像素的外观彼此不同的假设进行的。此外，也可以通过像素的运动来进行图像分割，即将图像分割为不同的区域，每个区域内的像素具有相似的运动。

像素的运动称为光流，通过光流进行图像分割，如图 3-30 所示。设想使用成像平面平行于图中白色平面的相机拍摄该场景，并且向左移动相机，可以获得如右图所示的光流场。图 3-30 中箭头表示像素的运动方向，箭头的长度表示运动速度的大小。可以看出，场景中白色的平面由于距离相机较远，其运动幅度较小，灰色平面距离相机较近，其上的点运动幅度较大，同时，由于这两个平面与成像平面平行，因此其上的点的运动幅度相同，而深色平面上的点由于距离相机的距离不同，其对应的运动幅度也不同。此时可以根据每个像素的运动信息将图像分割为不同的区域。

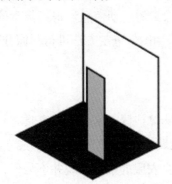 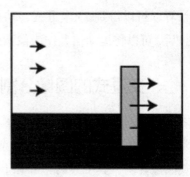

图 3-30　通过光流进行图像分割

计算光流需要两帧连续的图像，即给定两幅图像 $I(x, y, t\text{-}1)$ 和 $I(x, y, t)$，求解每个像素的运动 $u(x, y)$ 和 $v(x, y)$。Lucas-Kanade 光流算法是最常用的光流算法，它是在以下三个假设的前提下来计算每个像素的运动的。

（1）亮度恒定：也就是说对于场景中一点，随着时间的变化，其所成的像的亮度不变。这也是光流法的基本假定，用于得到光流法的基本方程。

（2）运动较小：像素的运动幅度较小，也就是随着时间的变化，场景中一点所成的像的位置变化不大。

（3）空间一致：在场景中邻近的点投影到图像上也是邻近点，且邻近点的运动一致。通过亮度恒定假设，可得：

$$I(x, \ y, \ t-1) = I[x+u(x, \ y) , \ y+v(x, \ y) , \ t] \tag{3-31}$$

根据运动较小的假设，可以对上式右边进行泰勒展开：

$$I(x+u, \ y+v, \ t) \approx I(x, \ y, \ t-1) + I_x u(x, \ y) + I_y v(x, \ y) + I_t \tag{3-32}$$

从而可得：

$$I(x+u, \ y+v, \ t) - I(x, \ y, \ t-1) = I_x u(x, \ y) + I_y v(x, \ y) + I_t \tag{3-33}$$

可以写为

$$I_x u + I_y v \approx 0 \quad \rightarrow \nabla I \cdot [u \quad v]^T + I_t = 0 \tag{3-34}$$

可以看出，对于一个像素，可以得到一个方程，其中 I_x、I_y 和 I_t 可以通过求解水平方向、垂直方向以及时间方向上的梯度得到，而待求解的是 x 和 y 方向的运动 u 和 v。一个方程包含两个未知变量，无法进行求解。此时，可以根据空间一致假设，即一个像素与其邻域内的像素具有相同的运动，可以使用多个像素联立多个方程来求取 x 和 y 方向的运动。例如，对每一个像素采用其 5×5 的邻域进行计算，可以得到 25 个方程，从而可以解出像素的运动信息。得到像素的运动信息后，可以将运动信息作为像素的特征，再采用图像分割方法进行图像分割。

七、交互式的图像分割

之前介绍的图像分割方法都是基于属于同一物体或同一区域的像素具有相似的视觉特征的假设的，但是对于复杂的物体或区域，这一假设有时是不成立的。交互式图像分割，其中人的脸部和上身衣服与下身衣服的视觉外观并不相似，因此采用之前介绍的图像分割方法是无法得到满意的分割结果的。

这时，可以通过交互式图像分割得到较好的分割结果。交互的方式有很多种，可以在图像上的前景和背景上分别使用不同颜色进行标记。标记可以用来建立前景和背景模型，用于对图像进行分割。另外，也可以使用边界框框出前景区域。标记的边界框大致给出了属于前景区域的像素和属于背景区域的像素，这些信息可以用来初步建立前景模型和背景模型，并基于模型对分割结果进行优化，得到最终的分割结果。

交互式图像分割与普通的图像分割相比，获得了用户输入的交互信息，从而可以知道哪些具有不同视觉特征的区域属于同一个物体或者区域。一般来说，交互式图像分割可以得到更好的分割结果。

八、图像分割的评价

图像分割需要一定的标准和度量来衡量分割算法的精度，对分割结果进行评价，从而可以对不同的方法进行比较。对于图像分割结果的评价，需要建立图像分割数据集，由人工标注出"正确"的分割结果，其实人工标注的结果也可能包含错误，但是这已经是能得到的最好的结果了，然后再使用各种图像分割算法进行图像分割，计算图像分割算法分割出的结果与人工标注结果的差异来对分割结果进行评价。

对于分割结果的评价可以分为两种：对分割出的边界进行评价，即对边界上的像素点进行评价；对分割出的区域进行评价，即对区域中的像素进行评价。

（1）对分割出的边界进行评价。

对分割出的边界进行评价可以计算分割边界的准确率和召回率。准确率 P 为分割算法标出的在正确（与人工标记相同）边界上的像素数目与分割算法标记出的边界像素数目总和之比。召回率 R 为分割算法标出的在正确边界上的像素数目与图像中实际的边界像素数目总和之比。一个好的图像分割算法要同时具有较好的召回率和准确率。此外，还可以通过准确率与召回率来计算 F 度量来对分割算法进行评价：

$$F = \frac{2PR}{P+R} \tag{3-35}$$

（2）对分割出的区域进行评价。

若图像中包含 n 个区域，则对每一个分隔出的区域可以使用以下的指标进行评价。

①交并比（intersection over union，IoU）：是广泛使用的度量标准之一，在目标检测等任务中也经常被用到。交并比是计算两个集合的交集和并集之比。在分割问题中，这两个集合分别为真实区域（target）和分隔出的区域（prediction）。交并比的定义为

$$\text{IoU} = \frac{\text{target} \cap \text{prediction}}{\text{target} \cup \text{prediction}} \tag{3-36}$$

由定义可以看出，当分割结果与真实值完全一致时，交并比为 1。交并比越大，则表示分割结果越好。

②像素精度（pixel accuracy，PA）：像素精度为某个区域中分割正确的像素占该区域总像素的比例。

对于整个图像的分割结果的评价，可以通过将每个区域的评价求平均获得，即采用以下的评价指标：

①平均交并比（mean intersection over union，MIoU）：在每个区域上计算交并比之后，在所有区域上进行平均。

②平均像素精度（mean pixel accuracy，MPA）：计算每个区域内被正确分割的像素数的比例，然后求出所有区域的平均值。

在以上所有的度量标准中，MIoU 因简洁、代表性强而成为最常用的度量标准，大多数研究人员使用该标准来评价图像分割的质量。

第四章 纹理分析和模型拟合

第一节 纹理分析

一、纹理简介

纹理是广泛存在的，很容易被识别，但是又很难定义的一种现象。现实世界中存在大量的纹理。如图 4-1 所示，分别显示了在可见光、X 射线、航拍、微观等各种成像方式下的纹理图像。一般来说，纹理会包含重复出现的模式，即同样的小图像块会以某种方式重复出现多次，同时，这些小图像块可能由于视角变化等原因会存在一定的变形。

自然图像中的纹理

微观纹理图像 前列腺癌图像　　航拍图像　合成孔径雷达图像 光场图像 胸部结节图像 X 射线图像

图 4-1　纹理图像示例

纹理反映了图像中灰度或颜色的空间分布情况，并不关心灰度或颜色的具体的值，而且纹理受尺度的影响很大。纹理与尺度如图 4-2 所示。其中图 4-2（a）为树叶的纹理；图 4-2（b）为树叶的形状的尺度中，图像对应的是树叶的纹理；在右图的尺度中，对应的就是树叶的形状，而不是纹理了。

（a）树叶的纹理   （b）树叶的形状

图 4-2　纹理与尺度

纹理可以由场景中不同表面间的反照率变化产生，如衣服上的图案所形成的纹理；或者由表面的形状变化产生，如树皮的纹理；或者由很多小的元素组成，如很多树叶形成的纹理。另外，通过纹理可以推断场景的信息也可以辨别物体以及分析物体的形状。如图 4-3 所示，可以通过纹理来分辨不同的表面，如地面、植物和建筑物等。

图 4-3　通过纹理分辨不同的表面

纹理分析包括两个重要的问题，一是如何表示纹理，二是如何进行纹理的合成。

二、纹理的表示

（一）灰度同现矩阵

灰度同现矩阵（gray level cooccurrence matrix，GLCM）是一种通过研究灰度的空间相关特性来描述纹理的方法。由于纹理是由灰度分布在空间位置上反复出现而形成的，因此在图像空间中相隔某距离的两像素之间会存在一定的关系，即图像中灰度的空间相关特性。灰度直方图是对图像上每个像素具有的灰度进行统计的结果，而灰度同现矩阵是对图像上保持某距离的两个像素分别具有的灰度值的情况下进行统计而得到的。

灰度同现矩阵 $\boldsymbol{P}(i, j)$ 是一个二维相关矩阵。规定一个位移矢量 $\boldsymbol{d}=(\boldsymbol{d}_x, \boldsymbol{d}_y)$，计算被 $\boldsymbol{d}$ 分开且具有灰度级 i 和 j 的所有像素对的个数就可以得到灰度同现矩阵。图 4-4 所示为灰度同现矩阵的示例。对于一幅包含三个灰度级的图像，其灰度同现矩阵为一个 3×3 的矩阵，$\boldsymbol{P}(0, 0)$ 表示被位移矢量 $\boldsymbol{d}$ 分开，且具有灰度值 0 和 0 的像素对的个数。针对同一幅图像，给定不同的位移矢量，可以得到不同的灰度同现矩阵。将灰度同现矩阵除以满足位移矢量的像素对的总数，可以得到归一化的灰度同现矩阵。

灰度同现矩阵表示了图像中的灰度在空间中的分布信息。由于具有灰度级 (i, j) 的像素对的数量不一定等于具有灰度级 (j, i) 的像素对的数量，因此灰度同现矩阵是非对称矩阵。通过归一化后的灰度同现矩阵，可以计算出纹理对应的用于度量灰度级分布的随机性的熵：

$$熵=-\sum_i\sum_j \boldsymbol{P}(i, j)\lg \boldsymbol{P}(i, j) \tag{4-1}$$

2	1	2	0	1
0	2	1	1	2
0	1	2	2	0
1	2	2	0	1
2	0	1	0	1

（a）一幅具有三个灰度级的 5×5 图像

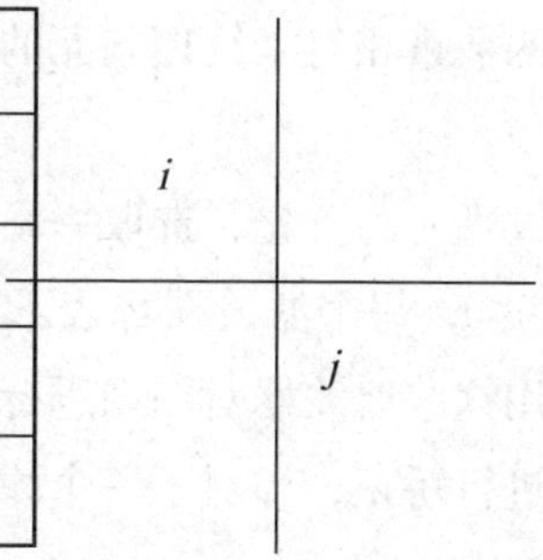

0	2	2
2	1	2
2	3	2

（b）灰度同现矩阵，对应的位移矢量为（1，1）

图 4-4　灰度同现矩阵

另外，还可以通过归一化同现矩阵计算纹理的能量特征、对比度特征以及均匀度特征熵值是纹理内容随机性的量度，熵值越大表示随机性越强；能量特征反映了纹理的均匀性或平滑性，能量小则纹理比较均匀或平滑；对比度是反映纹理点对中两个像素间灰度差的度量，灰度差大的点对较多则对比度较大，纹理较粗糙，反之纹理较柔和；均匀度反映的是纹理的均匀程度。

$$能量 = \sum_i \sum_j P^2(i, j) \tag{4-2}$$

$$对比度 = \sum_i \sum_j (i-j)^2 P(i, j) \tag{4-3}$$

$$均匀度 = \sum_i \sum_j \frac{P(i, j)}{1+|i-j|} \tag{4-4}$$

灰度同现矩阵适合用于描述微小纹理。灰度同现矩阵的大小只与最大灰度级有关，而与图像大小无关，易于理解和计算。其缺点是由于灰度同现矩阵并没有包含形状信息，因此不适合用于描述含有大面积基元的纹理。

（二）词袋模型

纹理是由一些元素以某种方式重复出现而形成的。这些元素称为纹理基元。可以通过首先找到纹理基元，然后总结纹理基元重复出现的方式，来表示和分析纹理。滤波器可以被看作模式检测器，因此可以用各种模式的滤波器来检测各种模式的纹理基元。

但是纹理基元所具有的模式近乎无穷，而且往往很难进行描述和检测。此时可以通过另外一种方式来间接描述纹理，即可以首先找到纹理基元的子元素，这些子元素一般都是各种点以及各种边。然后通过总结这些子元素的出现方式来间接描述纹理，而这些子元素的数量相对于纹理基元的数量就要少得多了，可以通过各种滤波器来进行检测。

基于以上观察，在描述纹理时，首先，选取一系列的滤波器（这些滤波器具有不同的大小，方向以及尺度），每个滤波器都表示了一种模式，包括各种点以及各种方向的边；其次，使用这些滤波器对图像进行滤波，并对滤波的结果进行矫正。通常使用半波的方式进行矫正，即对于一个滤波器 F_i，对其与图像的滤波结果进行操作，得到两个矫正后的结果 $\max(F_i*I)$ 和 $\max[0, -(F_i*I)]$。进行矫正是为了避免后续进行平均等操作时，将深色前景浅色背景的响应与深色背景浅色前景的响应平均掉。对矫正后的滤波响应进行某种形式的总结。例如，求最大值、求平均等。这些总结可以在不同的尺度上捕获邻近元素的信息从而得到对纹理的整体描述，然后对每一个像素可以使用一个总结向量来描述，这个向量的维度为采用的滤波器的数目乘以 2。

各种滤波器如图 4-5 所示，其显示了一些典型的滤波器图像，包括有向滤波器和与方向无关的滤波器。可以看出，这些滤波器可以检测图像中的各种边以及点，作为纹理基元的子元素来描述纹理。

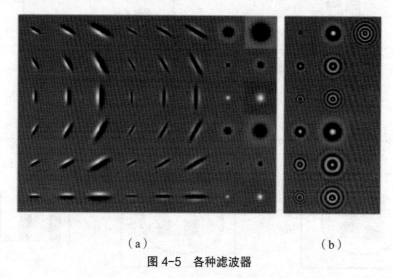

（a）　　　　　　　　　　　　（b）

图 4-5　各种滤波器

每一个像素的总结向量表示了在这个像素位置上，各种滤波器的响应组合。如果只有水平边缘滤波器和垂直边缘滤波器两个滤波器，那么每个像素的总结向量就是一个四维向量（每个滤波器经过矫正后会有两个响应图）。向量（1，1，0，0）就表示在这个像素位置上有较强的水平边缘，而没有垂直边缘。对于整个的纹理图像，可以计算其包含的像素的总结向量的直方图来进行表示。通过直方图可以得到纹理的各种统计信息。例如，包含的水平边缘比较多，垂直边缘比较少等。

在实际计算中，像素总结向量的表示是连续的，即滤波器的响应都是连续值。即上面例子中的总结向量可能是（1.1，1，0.2，0），从而在得到每一个像素的总结向量后，并不能简单地对这些向量进行计数来计算直方图。即使将总结向量离散化，得到离散的总结向量也依然不能直接计算总结向量的直方图。其原因是，总结向量的维度一般很高，直接计算直方图，直方图所包含的元素的数量过于巨大。例如，对于一个十维的向量，若每一维有 10 个可能取值，则直方图就会有 1 010 个元素。

使用词袋模型可以解决以上问题。首先，建立一个字典，或者码本。字典中包含了 N 个字（向量）；其次，给定一个向量，看其与字典中的哪个字（向量）比较相似（距离比较近），就使用该字（向量）来表示这个向量，从而可以建立字典中各个字（向量）出现频率的直方图。直方图的元素的数量就是字典中字的数量。基于词袋的纹理的表示方法如图 4-6 所示。

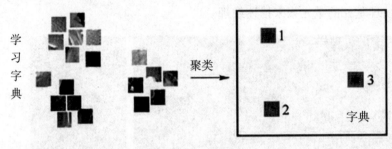

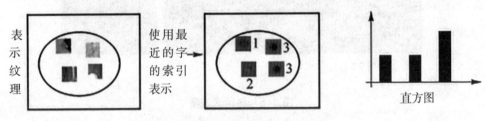

图 4-6　基于词袋的纹理的表示方法

给定很多像素的总结向量，建立字典的方式通常是使用聚类的方法。K-means 是常用的一种聚类方式。K-means 算法中的 K 代表类别的个数，means 则代表类内数据对象的均值，这种均值可以看作是一种对类中心的描述，因此，K-means 算法又称为 K 均值算法。K-means 算法是一种基于划分的聚类算法，以样本间的距离作为样本间相似性度量的标准，即样本间的距离越小，则它们的相似程度就越高，就越有可能位于同一个类中。样本间距离的计算有很多种，K-means 算法通常采用欧氏距离来计算样本间的距离。

K-means 算法的过程如下：

（1）输入 K 值，即指定希望通过聚类得到的类别的数目。

（2）从数据集中随机选取 K 个样本作为初始的聚类中心。

（3）对集合中的每一个样本，计算其与每一个初始的聚类中心的距离，将该样本划分到距离最近的类别中。

（4）计算每个类别的均值作为新的聚类中心。

（5）如果新的聚类中心和旧的聚类中心之间的距离小于给定的阈值，则表示重新计算的聚类中心的位置变化不大，聚类趋于收敛，算法终止。

（6）如果新的聚类中心和旧的聚类中心之间的距离变化大于给定设置的阈值，则重复步骤（3）~（5）。

基于词袋模型的纹理表示的算法过程如下：

（1）建立字典。

收集很多的纹理样本，对于样本中的每个像素计算一个总结向量，这个总结向量可以是该像素邻域中的像素值连接而成的向量，也可以是通过各种滤波器得到的总结向量。使用 K-means 聚类得到 C 个聚类中心，作为字典中的字，其中 C 为指定的字典中字的数目。

（2）使用字典中字的直方图表示纹理。

对于纹理图像中的每个像素，计算其总结向量。判断该总结向量与字典中的哪个字最相似，使用该字的索引来表示这个总结向量；使用每个像素的总结向量对应的字典中的字出现的次数来建立纹理的直方图表示。

（三）纹理的合成

纹理合成是指给定一小块纹理图像，通过算法生成一大块该纹理图像的过程。纹理合成在图形学以及图像填洞等方面有着重要的应用。

从最简单的情况开始介绍纹理的合成方法。假设给定一块纹理图像，其中有一个像素的值是缺失的。合成这个像素的值，可以通过匹配该像素周围的窗口来进行。即选取该像素周围的一个窗口，在图像的其他区域进行匹配，找到和该窗口最匹配的窗口，使用匹配窗口中心像素的值来填充这个像素，通过计算两个窗口的误差平方和（sum of squared differences，SSD）来进行匹配。

以一维图像为例，图 4-7(a) 为一个一维的纹理图像，其中有一个像素的值缺失了，则可以使用图 4-7(b) 所示一个 1×3 的小窗口，在图像的其他区域进行匹配。匹配时，缺失的像素不参与匹配。此时，只有模式为 [101] 的窗口与其匹配，则缺失像素的值可以确定为零。

而对于图 4-7(c) 中的纹理图像，匹配时可以得到 2 个模式为 [101] 和 1 个模式为 [121] 的窗口。此时可知该像素的值有 67% 的概率是 0，有 33% 的概率是 2。此时可以通过随机采样来获得该像素的值。此处通过随机采样，而不是直接取概率高的像素值，是为了保持纹理的一致性。例如纹理中 67% 的模式是 [101]，而

33% 的模式是 [121]，如果补全时只取概率高的像素值，那么 [121] 模式就不会在补全的纹理中出现了。

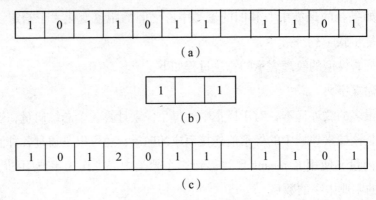

（a）

（b）

（c）

图 4-7　纹理合成示例

在进行窗口间的匹配时，往往不能简单地设定一个阈值，然后选取那些距离小于阈值的窗口来进行纹理补全。这是由于很有可能找不到一个满足阈值的窗口。更好的策略是选择所有距离小于 $(1 + \alpha)s_{min}$ 的窗口。其中，s_{min} 是与待匹配窗口距离最近的窗口与待匹配窗口之间的距离，α 是参数，从而可以保证每次都可以找到匹配的窗口进行纹理合成。

纹理合成时选取窗口的大小对于纹理合成效果有着很大的影响，如图 4-8 所示。当选取的窗口过小时，无法捕捉到纹理较大尺度上的特征。以图 4-8 中第一行的点状纹理为例，当窗口很小，无法捕捉到点的形状特征时，生成的纹理就是一些条纹；当窗口变大一些后，生成的纹理具有环形的特点，但是没有捕捉到环形之间均匀分布的特点；当窗口变得更大后，就可以生成均匀分布的纹理了。

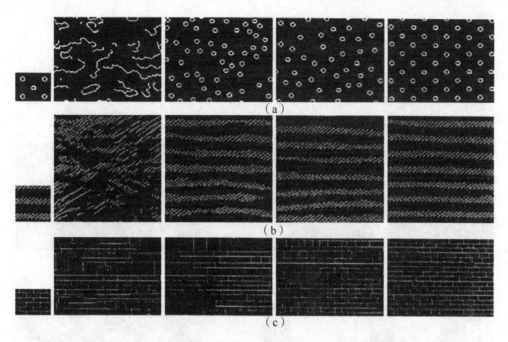

（a）

（b）

（c）

图 4-8　纹理合成时选取窗口的大小对纹理合成效果的影响

　　以像素为单位进行纹理合成（图 4-9）往往速度很慢，所以在纹理合成的时候一般是以图像块为单位进行，合成的方式与基于像素的方式类似。例如，基于图像缝合的纹理合成方法，首先，从原始的纹理图像中随机抽取一小块图像，放在空白的目标图像上；其次，按照从左到右、从上到下的顺序进行纹理生成。在原始纹理图像中寻找与图中方框所示区域最相似的图像块，寻找时不计算方框中网格的部分，仅使用方框中网络以外的部分来计算图像块之间的相似度。图像块之间的相似度使用 SSD 来计算，然后选取那些距离小于阈值的窗口来进行纹理补全。类似基于像素的纹理生成方法，可以从距离小于阈值的窗口中随机选择一个窗口放在图中方框所示的位置。

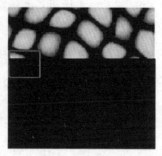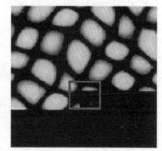

图 4-9　纹理合成

若将选中的图像块直接拼接到目标图中，则两个图像块之间的过渡部分一般会有拼接的痕迹。如图 4-10 所示，此时，可以通过在选中的图像块和原来的图像块的重叠的部分找到一条路径来拼接两个图像块，以消除图像块间的拼接痕迹。

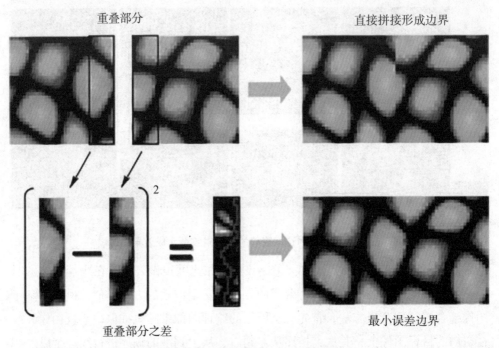

重叠部分　　　　　　　　　　　直接拼接形成边界

重叠部分之差　　　　　　　　最小误差边界

图 4-10　消除图像块之间的拼接痕迹

首先，计算重叠部分的差的平方，即对应位置的像素值相减并求平方，得到一个误差图；其次，在误差图上计算一条误差最小的路径作为两块纹理图像的分界来合并两块纹理图像。可以使用贪心算法来寻找这条路径。先找到误差图中第一行中具有最小误差的像素的位置，假定该像素的位置为 $(x，1)$，接着搜索第二行的 $(x-1，2)$，$(x，2)$，$(x+1，2)$ 三个位置，选择误差最小的位置，若 $(x-1，2)$ 为三个位置中误差最小的位置，则第三行需要搜索的位置为 $(x-2，3)$，$(x-1，3)$，$(x，3)$，依此类推直到最后一行。图 4-11 所示为纹理合成效果示例，其显示了基于图像缝合的纹理合成方法合成的纹理。

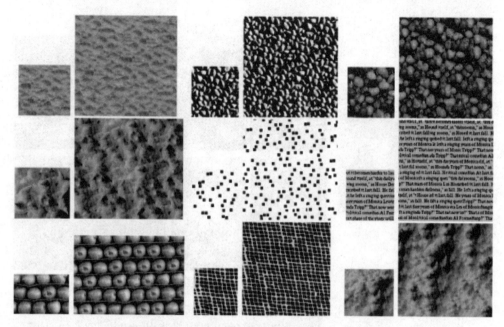

图 4-11　纹理合成效果示例

注：小图为原始问题图像，大图为合成的纹理图像

　　纹理合成可以用于填充图像中的空洞。例如，去掉图像中某个人物或物体后留下的空洞。图像填洞可以从已知的区域中寻找与包含空洞的图像块相似的图像块（匹配时不考虑空洞部分），然后用找到的图像块替换包含空洞的图像块。这种复制—粘贴的方法适合于填充由于移除背景中的物体而产生的空洞。当可以找到与包含空洞的图像块相同的图像块时，效果较好；当找不到相似的图像块时，这种方法就无法进行有效的工作了。

　　若空洞所在的图像区域是相对不太规则的纹理区域，导致无法找到相似的图像块来进行填充时，则可以通过合成纹理的方式来填充空洞。通过纹理合成来填充空洞时，填充像素的顺序会对结果产生很大的影响。一般来说，都是先从空洞的边界处来合成纹理的，这是由于这些地方的像素其周围的已知像素最多，最容易进行匹配，但是这样做可能会使图中的长边界消失。纹理合成的顺序对纹理合成结果的影响如图 4-12 所示。若从空洞的边缘处进行合成的话，则会使图像中的灯杆消失；而从图像边缘部分开始进行合成，则可以保留这些长边缘。

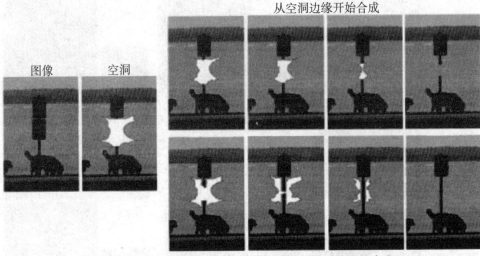

图 4-12　纹理合成的顺序对纹理合成结果的影响

目前，图像空洞的填充方法已经可以取得足以乱真的效果。图 4-13 为图像空洞填充方法的效果。

图 4-13　图像空洞填充方法的效果

第二节 模型拟合

模型拟合是指根据获得的符合某种模型的数据，来拟合出该模型。这里的模型既可以是直线、圆、椭圆等几何形状，也可以是基本矩阵、本质矩阵等待求解的参数。如图 4-14 所示，用一些边缘点来拟合这些边缘点所在的直线；或者给定两幅图像中的匹配点来估计基本矩阵。这些都属于模型拟合的问题。

模型拟合需要同时考虑局部约束和全局约束。如使用图 4-14 中给定一些边缘点来拟合一条直线时，就不能只考虑某个点是否在其前面两个点所形成的直线上，否则会得到一个由线段组成的折线，因此还要考虑更全局的约束，考虑这些点整体上是否符合一条直线。本章将以直线拟合为例，介绍几种常用的模型拟合方法，包括最小二乘法、鲁棒估计方法、霍夫变换和随机抽样一致算法（random sample consensus，RANSAC）等。

图 4-14　直线拟合示例

一、最小二乘法估计直线

使用 $y = ax + b$ 来表示一条直线，给定 n 个属于该直线的点的二维坐标（x_i,

y_i）。给出 x 坐标 x_i，可以根据直线的方程得到 $y_i = ax_i + b$，通过最小化 n 个点的 y 坐标与根据直线方程估计得到的 y 坐标的差的平方和来估计直线的参数。通过最小二乘法拟合直线，如图 4-15 所示，即最小化下式：

$$\sum_i \left(y_i - ax_i - b \right)^2 \tag{4-5}$$

这样做存在两个问题，首先，这种直线表示方法无法表示垂直的直线；其次，由于是使用点到直线的垂直距离，对于近似水平的直线具有较好的效果，而对于接近垂直的直线效果将会很差，因此可以使用另一种直线的表示方式 $ax + by + c = 0$。点 (u, v) 到直线的距离：当 $a^2 + b^2 = 1$ 时为 abs($au + bv + c$)，因此可以通过最小化下面的式子来估计直线的参数，即

$$\sum_i \left(ax_i + by_i + c \right)^2 \tag{4-6}$$

式中，$a^2 + b^2 = 1$。

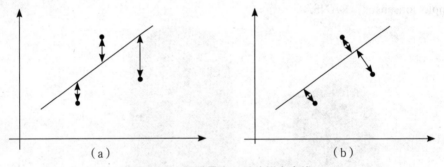

图 4-15　通过最小二乘法拟合直线

注：（a）通过最小化点的 y 坐标与根据直线方程预测的点的 y 坐标之间距离的平方和来拟合直线；

（b）通过最小化点到直线的距离来拟合直线

直线估计方法受噪声的影响很大。由于噪声及外点基本上是不可避免的，因此上述直线估计方法通常效果会比较差。外点对最小二乘法的影响如图 4-16 所示，由于最小化的是所有点到直线的距离之和，因此当存在一个外点，并且当该外点到直线的距离非常大时，这个外点对于结果的影响就会非常大，所以需要考虑如何减少外点和噪声对结果的影响。

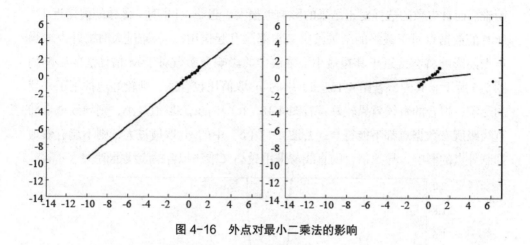

图 4-16 外点对最小二乘法的影响

二、鲁棒估计方法

M 估计法通过将平方误差项替换为更鲁棒的误差项来解决上述外点问题。对于直线拟合来说，不是通过最小化点到直线距离的平方和来进行直线拟合，而是通过最小化这样一个指标来进行的，当点到直线的距离较小时，这个指标就是距离的平方；当点到直线的距离超出一定的阈值后，这个指标就接近于一个常数。

使用 ρ 表示函数，若 r_i 为第 i 个点的残差，ρ 为 M 估计法的阈值，θ 为待拟合的直线的参数，则 M 估计法就是通过最小化式（4-7）来进行直线拟合的。

$$\sum_i p[r_i(x_i,\ \theta);\ \sigma] \tag{4-7}$$

对于最小二乘法来说，$\rho\,[r_i(x_i,\ \theta\,);\ \rho\,] = (\,ax_i + by_i + c\,)^2$，其中 $a^2 + b^2 = 1$，即对于最小二乘法来说，不管点到直线的距离是大还是小，r_i 都是点到直线距离的平方。这时，可以把阈值 σ 设为无穷大。

使用 u 来表示残差，鲁棒估计方法的关键就在于如何设计函数 ρ，使 ρ 是随着残差 u 的增大而单调递增，并且在残差较小时 $\rho(u)$ 就是残差本身，而在残差较大时接近一个常数。一种常用的选择为

$$p(u;\ \sigma) = \frac{u^2}{\sigma^2 + u^2} \tag{4-8}$$

式（4-8）对应的曲线如图 4-17 所示。可以看出，当残差较大时，$\rho(u)$ 的值就接近为一个常量，从而可以将外点的影响控制在一定的范围之内，减少外点对于最终拟合结果的影响。M 估计法的缺点是通常存在多个极值点，优化起来比较

困难。而且参数的选择对于结果的影响也很大。当 ρ 过小时，函数的值接近1，所有的数据点对于最终的结果其实基本都没有起作用；当 ρ 过大时，外点或噪声点的影响将会接近于其在最小二乘法中的影响。参数对于 M 估计法的影响如图 7-5 所示。其中，若图 4-18（a）中的 ρ 取值比较合适，则较好地抑制了外点的影响，拟合的直线效果较好；若图 4-18（b）中的 ρ 取值过小，则导致拟合的直线跟所有数据点都不能符合；若图 4-18（c）中的 σ 取值过大，则不能有效地抑制外点的影响，导致拟合的直线与采用最小二乘法拟合的直线类似。

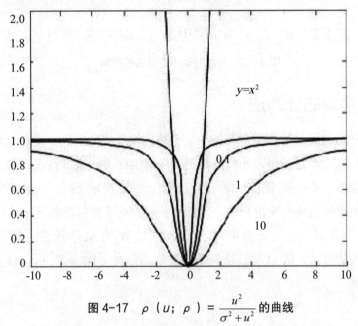

图 4-17 $\rho\,(u;\,\rho)=\dfrac{u^2}{\sigma^2+u^2}$ 的曲线

当数据中有部分数据（如外点）取值无穷大或者无穷小时，由鲁棒的估计方法所估计的结果可能会有一定的偏差，但是偏差不会无穷大，因此当取值无穷大或者无穷小的数据所占的比例增加到某一个百分比后，估计出的结果产生了无限大的偏差，这个百分比就称为崩溃点。

设 Z 为 n 个数据点的集合，Z' 为将 Z 中的 m 个点替换为任意取值的点的集合，估计器为 $\theta=T(Z)$，则外点引起的估计器的偏差为

$$\text{Bias}=\sup_{z}\|T(Z')-T(Z)\| \tag{4-9}$$

式中，sup 表示上确界，上确界是数学分析中的基本概念。考虑一个实数集合 M，如果有一个实数 S，使得 M 中任何数都不超过 S，那么就称 S 是 M 的一个上界。若在所有上界中有一个最小的上界，就称其为 M 的上确界，则崩溃点的数学定

义为

$$\varepsilon_n^* = \min\left[\frac{m}{n} : \text{Bias}(m;\ T,\ Z)\ \text{is}\ \text{infinite}\right] \qquad (4\text{-}10)$$

对于最小二乘法，若其崩溃点就是 $\frac{1}{n}$ ，即只要有一个点的偏差过大，则最小二乘法所估计的结果就会产生很大的偏差，这也说明了最小二乘法不是一种鲁棒性估计方法。

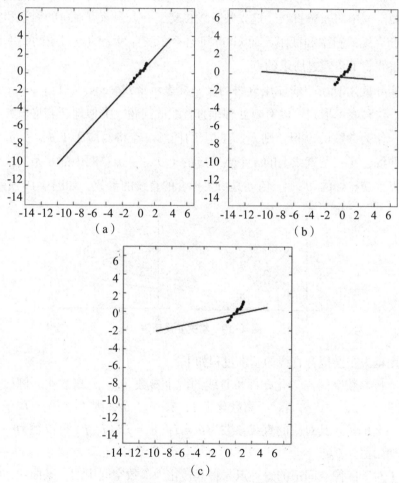

（a）

（b）

（c）

图 4-18 参数对 M 估计法的影响

三、霍夫变换

霍夫变换是一种基于投票机制的参数估计方法。基于投票机制的参数估计是指每一个数据点都会对一些参数投票，获得较多投票的参数就是最终的参数。基于投票机制的参数估计方法对外点具有较好的鲁棒性，这是由于一般来说，外点在整个数据集中只占较小的一个比例，基于投票的方法可以很好地抑制外点的影响。

直线有两个参数需要估计，即斜率和截距。直线可以用方程 $y = ax + b$ 来表示。以斜率为自变量，截距为因变量，可以写为 $b = y-ax$，则 xy 空间上的任意一点将对应斜率和截距空间中的一条直线。xy 空间中直线上的 n 个点就对应斜率截距空间中的 n 条直线。这 n 条直线相交于一点，该点对应的斜率和截距就是待拟合直线的斜率和截距，而 xy 空间上不在该直线上的点对应的斜率截距空间中的直线将不会经过所求的点。

在实际使用时，一般使用直线的极坐标表示形式 $x\cos(\theta) + y\sin(\theta) + \rho = 0$。这种表示形式可以有效处理垂直直线的问题。类似地，若将该方程视为以 x 和 y 作为参数的方程，则 xy 空间上的任意一点将对应于（θ，ρ）空间中的一条曲线，在一条直线上的 n 个点对应的（θ，ρ）空间中的 n 条曲线将会相交于一点，交点处的 θ，ρ 值就是所要拟合的直线的参数，如图 4-19 所示。

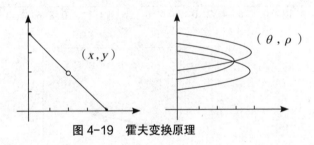

图 4-19　霍夫变换原理

使用霍夫变换拟合直线的基本过程如下：

（1）将参数空间离散化，即将直线的两个参数 θ，ρ 离散化。例如，若将 θ 离散为 1，2，…，n，将 ρ 离散化为 1，2，…，m，则（i，j）对应于参数空间中的一个单元。其对应的直线参数为 $\theta = i$，$\rho = j$，（i，j）可以视为一个累加器，且初始值为 0。

（2）对于图像空间中的每一点，将其转化为参数空间中的一条曲线，将在参数空间中落在该曲线上的累加器加一，对所有图像点做相同的操作。最后，取值最大的累加器对应的参数就是所求的直线的参数。

霍夫变换示例如图 4-20 所示，其中左上图为理想情况，图中的 20 个点都来自同一条直线并且没有噪声，右上图为累加器累加后的结果，横轴为 θ，纵轴为 ρ。可以看到，在理想情况下，累加器累加后只有一个明显的最大值，对应待拟合直线的参数。左下图为对这 20 个点加上随机噪声后的结果，此时累加器累加后出现了多个极值点。

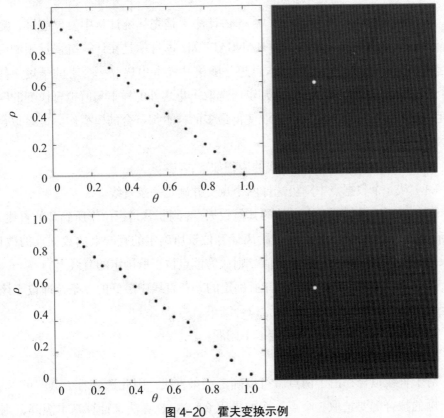

图 4-20　霍夫变换示例

霍夫变换的一个难点在于参数空间离散化时，每一个单元的大小很难确定。若单元设置过大（例如，将 θ 离散为 1，10，20，…），则斜率差别很大的直线（如斜率分别为 1 和 5 的直线）将无法区分；若单元设置得过小（如将斜率离散为 0.001，0.002，0.003，…），则噪声将会对结果有很大的影响，同时，当参数较多时，单元设置得过小将导致计算量过大。

当需要拟合一条直线时，只需选择取值最大的累加器对应的参数即可，无需设置阈值，但是当无法确定需要拟合几条直线时，就需要设定一个阈值，超过阈值的累加器就对应一条直线。另外，设定合适的阈值也是比较困难的。

由于参数离散化的问题以及噪声的影响，霍夫变换的实际应用效果受到很大限制。

四、RANSAC 方法

前文提到的鲁棒估计方法（如 M 估计法）是先从统计学中发展起来，后来被应用于计算机视觉领域的，而 RANSAC 算法本身就是在计算机视觉领域中发展起来的。RANSAC 算法的基本思想是随机从样本中选取一个小的子集，使用这个小的子集来拟合模型，然后判定所选取子集之外的样本与所拟合模型的匹配程度，重复这个过程多次，再选取使得最多的样本都符合的模型作为最终拟合的模型。

使用 RANSAC 方法拟合直线的流程如下：

（1）从 n 个数据点中随机选择两个点，并确定一条直线。

（2）对所选择的两个点以外的其他数据点，判断其是否位于所确定的直线上。判断时可以通过计算点到直线的距离计算位于所确定的直线上的数据点的数目，如果点到直线的距离小于给定阈值，则认为该点位于所确定的直线上。

（3）重复步骤（1）k 次，选择所确定的 k 条直线中最好的一条，即位于该直线上的数据点最多的一条直线作为拟合结果。

使用 RANSAC 算法需要确定以下问题：

（1）选取多大的子集？

对于直线拟合，由于两点就可以确定一条直线，因此选取两个点就可以了；对于圆的拟合需要选取 3 个点；而如果用 RANSAC 算法来计算基本矩阵，则选取的子集至少要包含 8 个点。

（2）如何判断数据是否符合模型？

这个问题与具体要拟合的模型有关，例如拟合直线时可以使用点到直线的距离来判断；拟合基本矩阵时，可以用点到外极线的距离来判断。

（3）这个过程需要重复多少次？

一般来说需要重复足够多的次数来使有很大的概率能够得到一个好的模型。具体的重复次数可以通过下面的方式来计算。

设 p 为 RANSAC 算法在 k 次迭代过程中的某次所取到的 n 个点都是内点的概率。当取到的 n 个点都是内点时，所得到的模型就应该是好的模型，因此 p 就给出了得到好模型的概率。设 w 为每次取点时取到内点的概率，即 w 为数据中内点与总的数据点数的比值，则 $1-w$ 为取到外点的概率。通常来说，w 的值是未知的，但是一般可以有一个大致的估计。若估计模型所需的 n 个点的抽取是彼此

独立的，则 w^n 为 n 个点都是内点的概率，$1-w^n$ 是 n 个点中至少有一个外点的概率，则

$$1 - p = (1 - w^n)^k \tag{4-11}$$

则

$$k = \frac{\lg(1-p)}{\lg(1-w^n)} \tag{4-12}$$

即给定一个想要得到好的模型的概率 p、内点与总的数据点数的比值 w 以及每次迭代需要的数据点数目 n，就可以通过公式（4-12）计算出需要重复的次数 k。

RANSAC 是一个通用的方法，可以用来估计直线、圆、各种几何模型以及其他类型的模型。其基本思想就是假设和验证，如果数据中的一个子集可以产生一个假设，而且比较容易验证这个假设的优劣，那么 RANSAC 方法就会非常适用。

五、基于概率的拟合方法

给定 n 个数据点来拟合直线，可以将数据点看作是从某个概率模型中产生的。对于数据点 $(x_i,\ y_i)$，可以将其看作是从直线上随机选取一个点 $(u_i,\ v_i)$，并采样一个距离 ξ_i [ξ_i 属于正态分布，即 $\xi_i \sim n(0,\ \sigma^2)$]，然后沿着与直线垂直的方向将点 $(u_i,\ v_i)$ 移动 ξ_i 得到的。设直线的方程为 $ax + by + c = 0$，并且 $a^2 + b^2 = 1$，则

$$(x_i,\ y_i) = (u_i,\ v_i) + \zeta_i(a,\ b) \tag{4-13}$$

可以写出这些数据的对数似然函数为

$$L(a,\ b,\ c,\ \sigma) = \sum_{i\in\text{data}} \lg p(x_i,\ y_i | a,\ b,\ c,\ \sigma)$$
$$= \sum_{i\in\text{data}} \lg p(\xi_i|\sigma) + \lg p(u_i,\ v_i | a,\ b,\ c) \tag{4-14}$$

由于是从直线上随机选点，而且 $P(u_i, v_i \mid a, b, c)$ 为常量，并且 $\xi_i \sim N(0, \sigma^2)$，因此在 $a^2 + b^2 = 1$ 的前提下通过最大化可以得到直线的参数。

$$\sum_{i\in\text{data}} \lg P(\xi_i|\sigma) = \sum_{i\in\text{data}} -\frac{\xi_i^2}{2\sigma^2} - \frac{1}{2}\lg 2\pi\sigma^2$$
$$= \sum_{i\in\text{data}} -\left[\frac{(ax_i + by_i + c)^2}{2\sigma^2}\right] - \frac{1}{2}\lg 2\pi\sigma^2 \tag{4-15}$$

可以看出，其优化的目标与通过最小二乘法来拟合直线时优化的目标是相同的。

六、最大期望算法

最大期望算法（expectation-maximization algorithm，EM）涉及混合模型。混合模型是指数据来自不同模型的组合。例如，通过抛硬币来产生一些点的数据，当硬币是正面时，从一条直线上随机选取一点；当硬币是反面时，从另一条直线上随机选取一点，则产生出的数据就来自一个混合模型。对混合模型进行最大似然估计是非常困难的。

此时，可以使用隐变量来表示某个数据来自哪个模型，这些隐变量通常是未知的。如果这些隐变量已知，则对混合模型的最大似然估计就比较容易求解了。例如，在模型拟合时，给出很多点来拟合多条直线时，如果知道哪些点是属于哪些直线的，那么就很容易估计拟合直线的参数；在图像分割中，如果知道哪些像素属于哪一个区域，那么就能很容易地估计出各个区域的参数。

虽然这些隐变量的值未知，但是可以给出一个对隐变量的初始估计值，根据这些估计值进行最大似然估计来求解模型的参数，然后根据求得的模型参数重新估计隐变量，再求解模型参数，不断迭代，得到最终的解。隐变量的初始估计值可以根据模型参数的当前估计值通过求期望来获得。

给定来自混合模型的样本 $\{x_1, x_2, \cdots, x_m\}$，其对应的隐变量为 $\{z_1, z_2, \cdots, z_m\}$，混合模型的参数为 θ，则 $p(x, z)$ 的最大似然估计为

$$
\begin{aligned}
e(\theta) &= \sum_{i=1}^{m} \lg p(x;\ \theta) \\
&= \sum_{i=1}^{m} \lg \sum_{z} p(x,\ z,\ \theta)
\end{aligned}
\tag{4-16}
$$

由于隐变量的存在，通过式（4-16）直接求出模型参数 θ 比较困难，若能够确定隐变量，则求解就会比较容易。设 Q_i 为表示隐含变量 z 的某种分布，则

$$
\sum_{z} Q_i(z) = 1,\ Q_i(z) \geqslant 0
\tag{4-17}
$$

可得：

$$
\sum_{i} \lg p(x_i;\ \theta) = \sum_{i} \lg \sum_{z_i} p(x_i,\ z_i;\ \theta)
\tag{4-18}
$$

$$= \sum_i \lg \sum_{z_i} Q_i(z_i) \frac{p(x_i, z_i; \theta)}{Q_i(z_i)} \quad\quad (4\text{-}19)$$

$$\geq \sum_i \sum_{z_i} Q_i(z_i) \lg \frac{p(x_i, z_i; \theta)}{Q_i(z_i)} \quad\quad (4\text{-}20)$$

从式（4-19）~式（4-20）利用了 Jensen 不等式，即如果 f 是凸函数，X 是随机变量，那么

$$E[f(X)] \geq f(EX) \quad\quad (4\text{-}21)$$

这个过程可以看作是对 $l(\theta)$ 求取下界。对于 Q_i 的选择，有多种可能。可以证明，当 Q_i 为 $p(z_i \mid x_i; \theta)$ 时，等号成立。Q_i 即为给定参数 θ 后，隐变量的后验概率，这一步就是 E 步，然后的 M 步就是根据 Q_i，优化模型参数 θ。EM 算法的步骤为循环直到收敛：

$$\theta := \arg\max_{\theta} \sum_i \sum_{z_i} Q_i(z_i) \lg \frac{p(x_i, z_i; \theta)}{Q_i(z_i)} \quad\quad (4\text{-}22)$$

七、模型选择

模型拟合的最终目标是找到一个好的模型。好的模型是指符合训练数据，同时，对于在模型拟合过程中没有见到过的数据（测试数据）也是有较好的泛化能力的。在模型拟合中，很多情况下都是针对混合模型进行拟合，例如，平面上的很多点拟合为多条直线。对于混合模型来说，随着其中模型数目的增加，训练数据的拟合程度也会更佳。若对于平面上的很多点，每两个点使用一条直线来拟合，则可以完美地对这些点进行拟合，但是这样的模型对于训练数据来说就是过拟合了，因此其对于测试数据的拟合效果将会很差。

模型拟合中有以下两个问题需要考虑：

（1）偏差：模型与训练数据的偏差；

（2）方差：在训练数据和测试数据上效果的差别。

模型拟合的目标是使得偏差与方差都比较小。使用复杂的模型可以减小偏差，但是会增大方差，反之亦然。偏差与方差是无法同时减小的，如图 4-21 所示，需要在偏差与方差之间找到一个折中。由于偏差随着模型的复杂度的增加而减小，因此需要在偏差中添加一项随着模型的复杂度增加而增大的项作为惩罚项，以保证模型不会太复杂，从而在偏差与方差之间找到平衡。

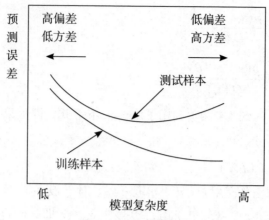

图 4-21　偏差与方差

使用 θ 表示模型的参数，$L(x；\theta)$ 表示在参数 θ 下数据点的对数似然。p 表示参数的数目，N 表示数据样本的数目。可以通过对数似然以及对参数数目的惩罚项共同计算一个分数来进行模型选择。计算的方法包括 AIC(akaike information criterion)、BIC(bayesian information criterion)和最小描述长度等。

(一)AIC

AIC 是由 Akaike 提出的一种用于模型选择的指标，模型的 AIC 值越小，表示该模型越好。AIC 的计算方式为

$$-2L(x；\theta)+2p \tag{4-23}$$

当模型对于数据的对数似然较大时，AIC 前半部分的值将会较小，而当模型的参数较少时，AIC 的后半部分的值也较小，因此，对于数据的对数似然较大且模型参数较少的模型，其 AIC 值将会比较小。

AIC 的一个问题是，在计算 AIC 的值时，数据样本的数目并没有参与运算。从理论上来说，当数据样本的数目较大时，拟合出的模型一般会较好。也就是说数据样本的数目与模型的好坏有着直接的关系，而 AIC 的计算中没有使用样本的数目，从而限制了其模型选择的能力。此外，很多的实验表明，AIC 更倾向于选择具有较多参数的模型，从而导致模型的过拟合。

(二)BIC

BIC 也称为 schwarz information criterion(SIC)，其计算方法为

$$-L(x；\theta)+\frac{p}{2}\lg N \tag{4-24}$$

一个好的模型的 BIC 值应该较小，可以看到，计算 BIC 值时用到了数据样本的数目。

三、最小描述长度

最小描述长度（minimum description length，MDL）原理是由 Rissanen 在研究通用编码时提出的。其基本原理是对于给定的数据样本，如果要对其进行保存，为了节省存储空间，一般会采用某种模型对其进行编码压缩，然后，再保存压缩后的数据，同时，为了以后正确恢复这些数据样本，所使用的模型也需要进行保存，因此需要保存的数据长度（比特数）等于这些数据样本进行编码压缩后的长度加上保存模型所需的数据长度，将该数据长度称为总描述长度。基于最小描述长度的模型选择就是选择使总描述长度最小的模型。

第五章　计算机视觉三维重建理论

三维重建是指通过二维图像恢复物体或场景的三维信息的过程。实际上，三维重建是三维物体或者场景成像的逆过程，成像是从三维场景到二维图像平面的映射过程，而三维重建是由二维的图像还原出场景的三维信息的过程。三维重建是在计算机中表达客观世界的关键技术之一。

三维重建可以通过一幅或多幅图像来恢复物体或场景的三维信息。由于单幅图像所包含的信息有限，因此通过单幅图像进行三维重建往往需要关于物体或场景的先验知识，以及比较复杂的算法和过程。相比之下，基于多幅图像的三维重建（模仿人类观察世界的方式）就比较容易实现，其主要过程为，首先，对摄像机进行标定，即计算出摄像机的内外参数；其次，利用多个二维图像中的信息重建出物体或场景的三维信息。本章主要介绍立体视觉和运动视觉两种基于多视图的三维重建方法。

第一节　立体视觉

人类是通过融合两只眼睛所获取的两幅图像，利用两幅图像之间的差别（视差）来获得深度信息。立体视觉即设计并实现算法来模拟人类获取深度信息的过程。在机器人导航、制图学、制图法、侦察观测、照相测量法等领域有重要的应用。单目成像与双目成像如图 5-1 所示。

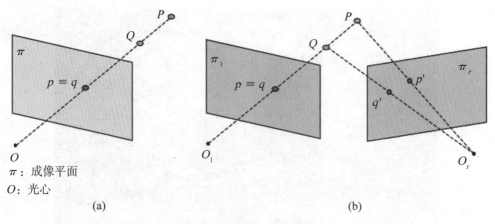

π：成像平面
O：光心

(a)   (b)

图 5-1   单目成像与双目成像

如图 5-1（a）所示，在只使用一幅图像的情况下，由于空间中点 p 和点 Q 在图像平面上所成的像的位置相同，因此对于图像上一点 p，无法确认其是空间中点 p 还是点 Q 所成的像，即无法确定图像上点 p 的三维信息，而在使用两幅图像的情况下，如图 5-1（b）所示，空间中点 p 和点 Q 在左右两幅图像上所成的像的位置不同，如果能够在两幅图像上分别找到 P 点所成的像 p 和 p'，即找到两幅图像上的对应点，那么就可以通过三角测量的方式，通过计算直线 POr 和直线 POl 的交点，得到空间点 p 的三维坐标。

立体视觉主要分为三个步骤：一是相机标定，得到相机的内外参数；二是立体匹配，即找到两幅图像上的对应点；三是根据点的对应关系重建出场景点的三维信息。如果对应点能够精确地找到，那么后续重建点的三维坐标就会变得比较容易，但是对应点的匹配一直以来都是一个非常困难的问题，在很多情况下都无法得到准确的匹配结果。本章主要介绍立体匹配的方法。

（一）外极线约束

假设使用两个相机拍摄只有一颗星星的夜空，两幅图像上都只有一个亮点，此时很容易找到对应点，即两幅图像上的两个亮点就是对应点，它们都是夜空中星星所成的像。当夜空中有很多星星时，寻找对应点就比较困难了。此时，很难确定左图中的一个亮点对应右图中的哪个点。外极线约束如图 5-2 所示，寻找对应点时有一个基本的假设，即场景中一点在两幅图像中所成的像是相同或相似的，即具有相同或相似的灰度或者颜色，因此在寻找对应点时，对于图 5-2（a）中的一点，需要在图 5-2（b）中寻找与其灰度或颜色相同或相似的点。

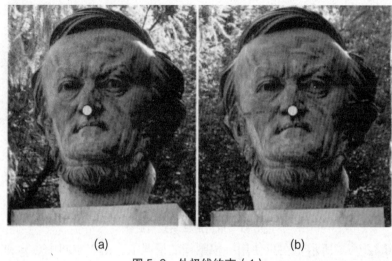

(a)   (b)

图 5-2　外极线约束（1）

对于图 5-2(a)中的一点 p，需要在图 5-2(b)中找到其对应点 p'。最直接的方式是在整幅右图上寻找与 p 具有相同灰度或颜色的点，但是这种做法可能会找到很多与 p 具有相同灰度或颜色的点，从而很难确认哪个点才是 p 的对应点，而且在整幅图像上进行寻找会导致很大的计算量。事实上，两幅图像之间的对应点存在外极线约束，即对于左图上的一点 p，其在右图的对应点位于右图中的一条直线上。

如图 5-3 所示，左侧上的一点 p，其在右侧上的对应点位于其对应的外极线 l' 上，同样地，对于右图上一点 p'，其在左侧上的对应点位于其对应的外极线 l 上。外极线 l' 是由直线 OP、OO' 组成的平面与图像平面 Π' 之间的交线。

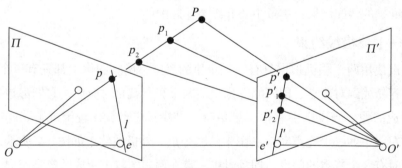

图 5-3　外极线约束（2）

如图 5-4 所示，p' 为摄像机 2 中的图像坐标，是一个三维坐标（向量），Rp' 为 p' 点在摄像机 1 坐标系下的图像坐标，R 为摄像机 1 坐标系和摄像机 2 坐标系之间的旋转矩阵，T 为两个相机之间的位移（向量），Rp' 与 T 之间的差乘为

一个与平面 POO' 垂直的向量。$\boldsymbol{p}$ 为摄像机 1 坐标系中的图像坐标，其位于平面 POO' 上。

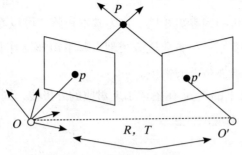

图 5-4　外极线约束（3）

则 $\boldsymbol{Rp'}$ 与 $\boldsymbol{T}$ 之间差乘所得的向量与 $\boldsymbol{p}$ 垂直，则可得外极线约束的表达式为

$$p^{T}\cdot[T\times(Rp')]=0 \tag{5-1}$$

差乘可以写为矩阵的乘法：

$$\boldsymbol{a}\times\boldsymbol{b}=\begin{pmatrix}0 & -a_z & a_y \\ a_z & 0 & -a_x \\ -a_y & a_x & 0\end{pmatrix}\begin{pmatrix}b_x \\ b_y \\ b_z\end{pmatrix}=(a_x)\boldsymbol{b} \tag{5-2}$$

式中，a_x 为斜对称矩阵，即一个矩阵的转置加上它本身是零矩阵。则外极线约束可以写为

$$p^{T}\cdot[T\times(Rp')]=0 \rightarrow p^{T}\cdot(T_x)\cdot Rp'=0 \tag{5-3}$$

式中，$(T_x)\cdot R$ 为本质矩阵 $\boldsymbol{E}$。可以看出，本质矩阵只与摄像机的外参数 T 和 R 有关，而与摄像机的内参数无关。本质矩阵具有下列性质：

（1）Ep_2 是图像 2 上的点 p_2 在图像 1 上对应的外极线，同样的，$\boldsymbol{E}p_1$ 是图像 1 上的点 p_1 在图像 2 上对应的外极线。

（2）E 是奇异的（秩为 2）。

（3）$Ee_2=0$，且 $ETe_1=0$，e_1，e_2 为极点，即两个摄像机光心连线与两个图像平面的交点。

（4）E 为一个 3×3 的矩阵，具有 5 个自由度。

在本质矩阵的公式中，$\boldsymbol{p}$ 和 $\boldsymbol{p'}$ 都是在图像坐标系下的坐标，而不是像素坐标系下的坐标。本质矩阵 $\boldsymbol{E}$ 并不包含摄像机的内参信息。在实际使用时往往更关注在像素坐标系上去研究一个像素点在另一幅图像上的对应点问题。这就需要使

用摄像机的内参信息将图像坐标系转换为像素坐标系，即

$$p^T K^{-T} \cdot (T_x) \cdot RK'^{-1} p' = 0 \rightarrow p^T F p' = 0 \qquad (5\text{-}4)$$

其中，K 为摄像机的内参数矩阵，F 为基本矩阵。可以看出，基本矩阵与摄像机的内外参数都有关系。与本质矩阵类似，基本矩阵具有下列性质，注意，此处的 p 和 e 是在像素坐标系下的坐标。

（1）Fp_2 是图像 2 上的点 p_2 在图像 1 上对应的外极线，同样地，Fp_1 是图像 1 上的点 p_1 在图像 2 上对应的外极线。

（2）F 是奇异的（秩为 2）。

（3）$Fe_2 = 0$，且 $F^T e_1 = 0$。

（4）F 为一个 3×3 的矩阵，具有 7 个自由度。

外极线约束可以将对应点的搜索范围缩小到一条直线上。此时，可以通过图像矫正的方法使外极线与图像的水平扫描线平行。图 5-5 显示了图像矫正前后外极线的变化情况。矫正后的图像更便于进行立体匹配。

图 5-5　图像矫正前后外极线的对比

（二）视差与深度

对于立体视觉来说，一般情况下两个相机都是经过标定的，摄像机的内外参

数已知。此时，可以通过式（5-4）计算得到基本矩阵，即得到外极线约束，再通过图像矫正，使外极线与图像的水平扫描线平行。后面都假设立体视觉系统已经经过了图像矫正，即外极线与图像的水平扫描线是平行的。

如图 5-6 所示，设立体视觉系统的基线为 B（即两个相机之间的距离为 B），相机的焦距为 f。x_R，x_T 分别为图像上点 p 和点 p' 的 x 坐标，则由相似三角形可得：

$$\frac{b}{Z} = \frac{(b+x_r)-x_R}{Z-f} \Rightarrow Z = \frac{b \cdot f}{x_R - x_T} = \frac{b \cdot f}{d} \tag{5-5}$$

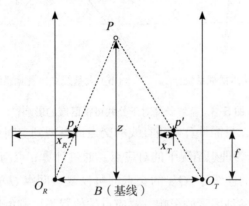

图 5-6　视差与深度

式中，$d = x_R - x_T$ 为视差，即在图像经过矫正的前提下，对应点之间 x 坐标的差值称为视差。由式（5-5）可以看出，视差越大的点（d 越大），其距离相机越近（Z 越小）；视差越小的点，其距离相机就越远。图 5-7 所示为视差图示例。视差图也可以视为一幅图像，其中每个像素的像素值表示的是该像素视差的大小，像素值越大，对应点视差图中的像素越亮，则表明该处的视差越大，距离相机越近。

（a）图像 1　　　　　（b）图像 2　　　　　（c）视差图

图 5-7　视差图示例

基线的长度对于立体视觉的影响很大，一般来说，基线越长，立体视觉系统恢复出的三维信息的精度就越高，但同时也使两个相机的公共可视区域变小，如图 5-8 中的阴影区域所示，并且匹配的难度增大；反之，若基线越小，则两个相机的公共可视区域较大，并且匹配的难度较小。

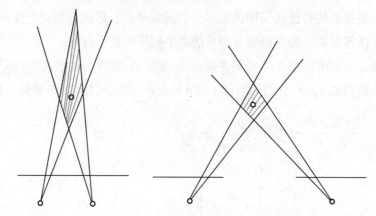

（a）小基线立体视觉系统　　　　（b）大基线立体视觉系统

图 5-8　基线长度对于公共可视区域的影响

在得到对应点后，只需计算两条直线的交点即可得到空间点的三维坐标，如图 5-9 所示。q 和 q' 为理想情况下的对应点，通过计算 q 点与光心 O 的连线 qO 和 q' 点与光心 O' 的连线 $q'O'$ 的交点即可恢复空间点 Q 的三维坐标，但是在实际应用中，由于各种因素的影响，对应点的位置不可避免地存在误差。设实际检测到的对应点为 p 和 p'。p 与光心 O 的连线 pO 和 p' 点与光心 O' 的连线 $p'O'$ 并不相交。此时，可以通过找到空间中距离直线 pO 和 $p'O'$ 距离最近的点 P 来近似作为 Q 的重建结果。

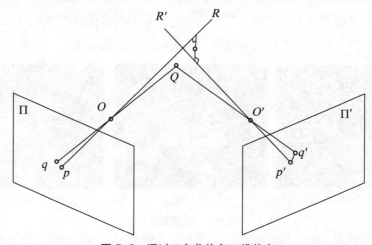

图 5-9　通过三角化恢复三维信息

（三）立体匹配

立体匹配是立体视觉的核心问题。立体匹配是给定左图中一点，在右图中寻找其对应点。立体匹配的基本假设是空间中一点在左右两幅图像上所成的像具有相同（相似）的灰度或者颜色。这个假设根据成像物理学可以得到。对于空间中一点，其所在表面一般是朗伯表面，因此在各个方向上看具有相似的颜色或灰度。

立体匹配是一个非常困难的问题，在很多情况下根本无法进行有效的立体匹配，其面临的挑战如图 5-10 所示。分别显示了非朗伯表面、基线过大引起的变形、无纹理区域以及遮挡等因素对立体匹配造成的困难，在这些情况下，立体匹配的基本假设得不到满足，立体匹配根本无法进行。

图 5-10　立体视觉面临的挑战

进行立体匹配时，最简单的匹配方法是对左图中的一个像素，对其在右图中对应的外极线上（经过矫正后，外极线即为水平扫描线）的所有像素逐个进行匹配。匹配是通过对比两个像素的灰度值的差异进行的。外极线上与待匹配的像素的灰度值差异最小的像素被视为是匹配的像素。这种匹配方法容易受到噪声的影响，一般来说得不到较好的匹配效果。

一种改进的方法是对两个像素进行匹配时，比较以两个像素为中心的一个小窗口之间的相似性，如图 5-11 所示。选取使两个窗口之间匹配代价最小的像素为匹配点。计算两个窗口之间的匹配代价时，可以使用绝对差之和（sum of absolute differences，SAD），即两个窗口中对应像素之间的差的绝对值之和；或者使用误差平方和，即两个窗口中对应像素之间的差值的平方和以及归一化互相关（normalized cross correlation，NCC）等方式来计算两个窗口的差异。SAD、SSD 和 NCC 的计算过程见式（5-6）~式（5-8）。

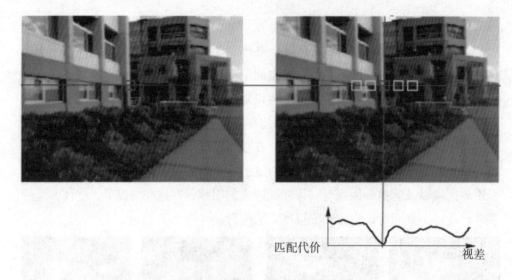

图 5-11　基于窗口差异的立体匹配

$$C(x,\ y,\ d) = \sum_{x,\ y \in S} \left\| I_R(x,\ y) - I_T(x+d,\ y) \right\| \tag{5-6}$$

$$C(x,\ y,\ d) = \sum_{x,\ y \in S} \left[I_R(x,\ y) - I_T(x+d,\ y) \right]^2 \tag{5-7}$$

$$C(x,\ y,\ d) = \frac{\sum\limits_{x,\ y \in S} \left[I_R(x,\ y) - \bar{I}_R \right]\left[I_T(x+d,\ y) - \bar{I}_T \right]}{\left\{ \sum\limits_{x,\ y \in S} \left[I_R(x,\ y) - \bar{I}_R \right]^2 \sum\limits_{x,\ y \in S} \left[I_T(x+d,\ y) - \bar{I}_T \right]^2 \right\}^{1/2}} \tag{5-8}$$

　　基于窗口的匹配方法可以得到稠密的匹配结果，也比较容易实现，但其缺点是需要在纹理比较丰富的区域才能得到较好的匹配结果。当两个相机的视角差异较大时，效果也不理想，同时，还容易受到边界及遮挡区域的影响。

　　遮挡处的立体匹配如图 5-12 所示，其中由于窗口遮挡的影响，两个对应点所在的窗口中的内容并不相同。此时，可以将窗口划分为 $n(4)$ 个子窗口，匹配时分别计算多个子窗口之间的差异，取差异最小的前 $m(2)$ 个窗口来计算最后的匹配程度。Kanade 等提出了使用自适应窗口大小的方法进行立体匹配，对于每个像素，自适应选择能够最小化不确定性的窗口尺寸。Fusiello 等提出了使用多个窗口进行匹配的方法，匹配时选用九个窗口进行匹配，选得分最高的窗口为最终匹配结果，图 5-13 所示每个窗口针对其中标黑的像素计算 SSD 误差。

匹配窗口

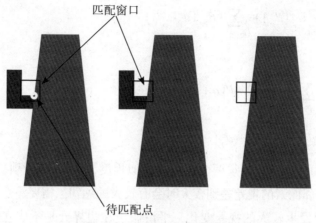

待匹配点

图 5-12　遮挡处的立体匹配

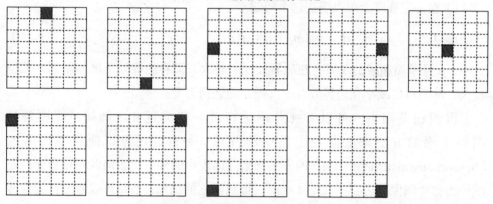

图 5-13　使用多个窗口进行匹配

以上介绍的都是基于局部的方法，即在进行立体匹配时，只考虑像素的一个小的邻域，没有综合考虑其他像素的匹配结果；而全局的方法则是将立体匹配看作是一个能量最小化问题，通过添加平滑等约束来得到一个全局最优的匹配结果。

全局方法将立体匹配问题视为一个视差分配问题，寻找一种视差分配使得在整个图像上的立体匹配对之间的代价最小。此处的代价包括数据项和平滑项。数据项表示的是匹配对之间的匹配代价。例如，窗口之间的差异。平滑项在匹配结果上施加平滑约束，使相邻像素的视差一般不大（边界处例外），即

$$E(d) = E_{\text{data}}(d) + E_{\text{smooth}}(d) \qquad (5\text{-}9)$$

式中，d 表示一种视差分配。

可以将图像视为一个图，将像素视为图中的节点，图中的边连接相邻的像素，则立体匹配可以视为优化下式：

$$E(d) = \sum_{p \in d} U_p(d_p) + \sum_{(p,\ d) \in e} B_{pd}(d_p,\ d_q) \tag{5-10}$$

式中：

$$U_p(d_p) = \sum_{q \in N}(p)\ [I(q) - I'(q + d_p)\ ]^2 \tag{5-11}$$

$$B_{pq}(d_p,\ d_q) = \gamma_{pq}\,|d_p - d_q| \tag{5-12}$$

$U_p(d_p)$ 为数据项，衡量两个窗口的相似程度，B_{pq} 为平滑项，γ_{pq} 为大于 0 的权重。当相邻像素的视差差别较大时会有较大的惩罚。需要注意的是，由于在边界处往往会发生较大的视差变化，平滑假设在边界处是不成立的。此时，式（5-13）在一定程度上可以解决这个问题。

$$B_{pq}(d_p,\ d_q) = \gamma_{pq}\,|d_p - d_q|\,.\,p.\,|I(p) - I(q)| \tag{5-13}$$

式中，p 是单调递减的函数，在边界处视差较大，而在边界处灰度的差别一般也较大，从而可以减小在边界处对于大视差的惩罚力度。

得到视差图后，可以对视差图进行进一步的优化。例如，使用各种图像去噪的方法来去除视差图中的外点。另外，还可以使用双向匹配（bidirectional matching，BM）的方法来去除匹配中的外点。双向匹配是指先以左图作为参考图像，进行一次立体匹配，得到匹配的结果；然后再以右图作为参考图像，再进行一次立体匹配，得到匹配结果。两次匹配结果中一致的匹配点保留，不一致的匹配点则去除。

如图 5-14 所示，左图中一点 A 在右图中没有出现，不存在匹配点，以左图为参考图像进行匹配时，会为 A 点找到错误的与 A 点相似的匹配点 B。当以右图为参考图像进行匹配时，由于 B 点在左图中的匹配点存在，所以有很大可能找到其正确的匹配点 C。此时，两次匹配结果不同，可以将错误的匹配（A，B）去除。双向匹配可以有效地去除匹配中的外点，但其缺点是计算代价太大，需要进行两次匹配。

图 5-14　利用双向匹配去除错误匹配点

第二节　运动视觉

　　运动视觉与立体视觉有很多相似的地方。立体视觉是同时使用两个相机拍摄场景，运动视觉则是使用一个相机先拍摄一幅图像，然后移动相机，再拍摄一幅图像。二者的区别在于，立体视觉可以拍摄动态的场景，而运动视觉不可以；同时，在立体视觉中相机一般是经过标定的，外极线约束已知，而且立体视觉中两个相机的视角一般比较相似，基线不大，因此可以对图像进行矫正，使外极线与图像水平扫描线平行。在运动视觉中，相机一般是没有标定过的，外极线约束未知，需要先计算匹配点，进而计算基本矩阵得到外极线约束，而一般在运动视觉中也不进行图像矫正，三维恢复的精度一般较低，恢复的点也相对稀疏。

　　运动视觉的问题可以描述为：对于空间中的 n 个点，给定在不同视角下拍摄的包含这 n 个点的 m 幅图像，则可以得到：

$$P_{ij} = M_i P_j \quad , \quad i = 1, \ldots, m, \ j = 1, \ldots, n \tag{5-14}$$

式中，P_{ij} 为第 j 个空间点 P_j 在第 i 幅图像中所成的像，运动视觉就是通过图像点 P_{ij} 来恢复 m 个投影矩阵 M_i，进而得到摄像机的姿态（运动）并恢复 n 个空间点的三维信息（结构），如图 5-15 所示。

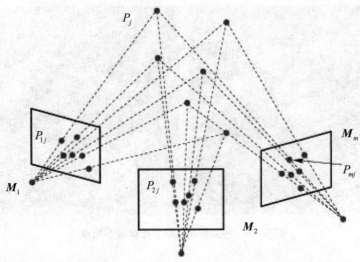

图 5-15　从多幅图像中恢复场点的三维信息和摄像机的姿态

运动视觉恢复出的结构信息和运动信息一般都带有一定的不确定性。设 M_j，P_j，分别为恢复出的投影矩阵和空间点的三维信息，则 HP_j 和 M_iH-1 也都符合投影公式，即

$$P_j = M_iP_j = (M_iH-1)(HP_j) \tag{5-15}$$

如图 5-16 所示，通常（即没有任何关于相机和场景信息的）情况下，只能得到射影意义下的重建。其中 A 为 3×3 矩阵，t 和 v 为 3×1 的向量，v 为标量，R 为 3×3 的旋转矩阵，s 为尺度因子。此时，式（5-15）中的 H 为一个射影变换，拥有 12 个自由度。射影重建仅保持相交和相切关系，即真实场景中相交的直线在恢复的场景中仍然相交，而真实场景中平行的直线在恢复的场景中不一定能够保持平行。此时，可以通过已知场景或者相机的信息将射影重建升级到仿射重建。例如，通过场景中的无穷远平面（通过相机的纯平移运动或者场景中的平行线可以得到）可以将投影重建升级到仿射重建。除保持相交和相切关系之外，仿射重建还能保持平行关系。通过摄像机的内参数可以将仿射重建升级到相似重建，在相似重建下可以保持角度和长度比；通过已知场景中的物体的尺寸，可以将相似重建升级到欧式重建，此时可以保持长度。不同重建结果示例如图 5-17 所示。

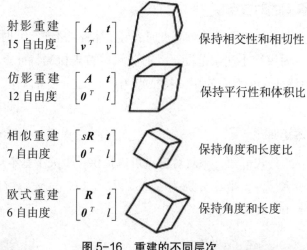

射影重建
15 自由度
$\begin{bmatrix} A & t \\ v^T & v \end{bmatrix}$
保持相交性和相切性

仿影重建
12 自由度
$\begin{bmatrix} A & t \\ 0^T & 1 \end{bmatrix}$
保持平行性和体积比

相似重建
7 自由度
$\begin{bmatrix} sR & t \\ 0^T & 1 \end{bmatrix}$
保持角度和长度比

欧式重建
6 自由度
$\begin{bmatrix} R & t \\ 0^T & 1 \end{bmatrix}$
保持角度和长度

图 5-16　重建的不同层次

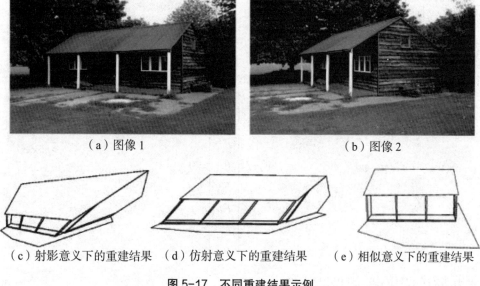

（a）图像 1　　　　　　　　　　　　（b）图像 2

（c）射影意义下的重建结果　（d）仿射意义下的重建结果　（e）相似意义下的重建结果

图 5-17　不同重建结果示例

一、两视角的运动视觉

两视角的运动视觉是通过在不同位置拍摄的两幅图像来恢复摄像机的运动以及场景的三维结构。两视角的运动视觉的计算过程为：寻找图像间的对应点，计算基本矩阵，通过基本矩阵估计相机的信息，进而使用估计出的相机信息以及对应点信息进行三角化得到对应点的三维坐标，完成重建过程。

1. 寻找图像间的对应点

在运动视觉中寻找图像间的对应点时，与立体视觉不同，此时基本矩阵未知，无法通过外极线约束缩小搜索范围。此时，可以首先检测特征点，例如，Horris 角点或者 SIFT 特征点，然后使用以特征点为中心的一个窗口在整个图像上来寻找对应点。

2. 计算基本矩阵

由基本矩阵的公式可知，一对对应点可以提供一个关于基本矩阵的方程。给定一对对应点 p 和 p'，坐标分别为 $(u, v, 1)$，$(u', v', 1)$，根据外极线约束可得 $p_T F_p = 0$，展开可得：

$$(u, \ v, \ 1)\begin{pmatrix} F_{11} & F_{12} & F_{13} \\ F_{21} & F_{22} & F_{23} \\ F_{31} & F_{32} & F_{33} \end{pmatrix}\begin{pmatrix} u' \\ v' \\ 1 \end{pmatrix} = 0 \tag{5-16}$$

可写为

$$(uu', \ uv', \ u, \ vu', \ vv', \ v, \ u', \ v', \ 1)\begin{pmatrix} F_{11} \\ F_{12} \\ F_{13} \\ F_{21} \\ F_{22} \\ F_{23} \\ F_{31} \\ F_{32} \\ F_{33} \end{pmatrix} = 0 \tag{5-17}$$

使用所有的对应点，可以得到：

$$Af = 0 \tag{5-18}$$

式中，f 为包含基本矩阵中 9 个元素的向量，A 为 $n \times 9$ 的矩阵，每一行对应式（5-17）中的由对应点坐标构成的 9 维向量。计算基本矩阵时，存在一个未知的尺度因子，因此可以设置 $F_{33} = 1$。待求解的参数为 8 个，从而通过 8 对对应点就可以对基本矩阵进行求解。在实际应用中，一般是通过远远多于 8 对对应点来求解基本矩阵，以降低噪声及错误匹配的影响。

3. 估计相机信息并恢复三维信息

求出基本矩阵 F 后，可以通过式（5-19）得到两个投影矩阵：

$$\bar{M}_1 = (I \quad 0), \quad \bar{M}_1 = [-(e_x)F \quad e] \tag{5-19}$$

式中，e 为极点，然后通过三角测量的方式就可以得到场景中点的三维重建结果，即恢复出场景的结构。另外，还可以通过分解投影矩阵，得到摄像机的外参数，即摄像机的运动信息。需要注意的是，此时恢复的是射影意义下的三维结构。

二、多视角的运动视觉

多视角的运动视觉一般都要使用束调整算法，通过最小化重投影误差来得到优化后的重建结果，但是束调整方法需要较好的初值才能得到较好的结果。多视角的运动视觉可以通过基于序列的方法和基于分解的方法来得到相机运动和三维结构的初始重建结果。

1. 基于序列的方法

基于序列的方法是通过每次添加一幅图像，依次使用多幅图像进行三维重建。首先，通过视图 1 和视图 2 计算基本矩阵，恢复相机在视角 1 和视角 2 处的投影矩阵并进行三维重建，得到在视角 1 和视角 2 下都可见的点的三维信息；其次，通过所恢复的点中在视角 3 下也可见的部分，即在视角 1、2、3 下都可见的点的三维信息计算视角 3 的投影矩阵。通过视角 3 的投影矩阵，联合视角 1 和视角 2 的投影矩阵，计算视角 3 下新的可见点的三维信息，即通过投影矩阵 2 和投影矩阵 3，重建在视角 2 和视角 3 下都可见，而不被视角 1 和视角 2 同时可见的点的三维信息，同时，使用投影矩阵 3 来优化已经重建出的在视角 1 和视角 2 下可见，且在视角 3 下也可见的点的三维信息。依次处理所有的视角，得到重建的结果。

此外，也有通过融合三维重建结果的方法进行多视角下的三维重建。首先通过视图 1 和视图 2 得到部分重建结果，通过视图 2 和视图 3 得到部分重建结果，然后，再通过两个重建结果中的三维对应点，将两个部分重建结果进行融合，从而得到多视图下的三维重建结果。

2. 基于分解的方法

基于分解的方法同时使用所有的视图进行重建，即同时恢复所有视角的投影矩阵和所有空间点的三维信息。这种方法的优点是重建误差会比较均匀地分布在所有的视图上，而基于序列的方法可能引起误差的累积，使最后面的视图的重建结果误差较大。

基于分解的方法最开始是针对一些简化的相机模型。例如，正交投影相机和弱透视投影相机等可以使用基于直接 SVD 分解的快速线性方法进行，但是这些方法对于真实的相机并不适用。后来，提出了一些针对透视投影相机的基于分解的方法，但是这些方法都是迭代的方法，并不能保证收敛到最优解。

3. 束调整

在运动视觉中，束调整是很常用的一个算法。束调整的基本思想是，通过最小化重投影误差，即计算出投影矩阵 M 和重建结果 P 后，通过投影矩阵 M 将 P 重新投影到图像平面上，通过最小化投影点和实际图像点之间的距离，来优化投影矩阵和重建结果。

$$E(M,\ P)=\sum_{i=1}^{m}\sum_{j=1}^{n}D\left(p_{ij},\ M_iP_j\right)^2 \tag{5-20}$$

束调整可以同时处理多幅图像，而且，对于缺失数据的情况也能很好地处理，但其局限是需要一个好的初始值才能得到好的优化结果。

三、运动视觉的应用

运动视觉可应用于增强现实、遗迹重建和虚拟游览以及三维地图等领域。图5-18 显示了基于运动视觉的摄影旅游。通过拍摄或者从网上收集感兴趣的景点的照片，通过运动视觉恢复场景点的三维信息和每幅照片的拍摄位置，就可以将这些无序的照片组织起来，以便于用户选择不同的视角和位置对景点进行观察。

（a）　　　　　　　　　　　　　　　　（b）

图 5-18　摄影旅游

注：（a）为关于景点的照片；

　　（b）为根据运动视觉重建的景点的三维信息以及每幅照片的拍摄位置

图 5-19 所示为苹果、谷歌以及微软的三维地图示例。这些三维地图是通过使用无人机在城市上空拍摄大量的图像，并通过运动视觉的方法重建得到的。

图 5-19　从上至下分别为苹果、谷歌以及微软生成的三维地图

第六章　计算机视觉三维服装建模的应用

继音频、图像和视频等数字媒体后，三维服装模型作为一种媒体形式，正在引领用户进入三维数字时代。三维服装模型在带来巨大机遇的同时也在技术方面提出了全新的挑战。在传统三维设计领域，人们借助于 MAYA 和 3D Max 等建模工具"设计"三维服装模型，但是这些工具学习难度较高，主要供专业人员用于创作；在逆向工程领域，人们通常使用昂贵的专业三维扫描设备在理想的实验室场景下获取点云数据，对设备和环境条件要求较高。受限于这些因素，相比于音频、图像、视频内容的繁荣而言，三维信息迟迟不能被大众用户方便使用，三维服装的建模依然只是一项被少数群体掌握的技术。此外，我国产学界对此已达成共识："重点解决信息技术产品的可扩展性、易用性和低成本问题"。因此，研究更加智能化的三维服装几何建模方法具有重要的科学理论意义和实际应用价值。

第一节　三维服装建模研究背景

一、研究背景

计算机图形学和计算机辅助设计技术的快速发展使得三维服装成为国内外普遍关注和研究的重要课题。近年来，三维服装获取技术的发展，在互联网三维模型库、数字化服装定制、计算机娱乐角色动画和游戏、电影制作等领域中的需求牵引，对三维服装模型的数量、处理精度、建模效率、复杂度、款式变化等提出了更高的要求。如图 6-1 所示，在不同应用领域，常常需要变换不同风格的服装以满足人物和场景的需求。

从图 6-1 可以看出，三维服装作为新兴的数字媒体，综合利用计算机图形学、数学、物理、艺术和纺织科学等领域的知识，生成三维效果逼真的服装模型，在互联网三维模型库、计算机角色动画与娱乐、数字化服装定制以及游戏、电影制作等领域有着广泛的应用。随着计算机图形、多媒体和虚拟现实技术的快速发展，继音频、图像和视频等数字媒体后，目前各种应用中使用的三维服装模型的复杂度不断提高，主要体现在以下三个方面：

图6-1　三维服装建模的应用背景

（1）飞速增长的应用需求给三维服装建模的分析和处理带来了巨大的挑战。

传统的形状分析和处理方法一般针对模型中低层次的局部几何特征进行检测、分析和处理。在面对几何形状和拓扑结构较为复杂的三维服装模型时，很难得到有意义的分析和处理结果。近年来，随着对三维模型数量和质量的要求不断提高，主要应用于研究领域的三维模型库包括斯坦福大学的数字米开朗琪罗工程、普林斯顿大学的普林斯顿形状测试标准库、麦克吉尔大学的三维形状测试标准库以及欧盟的 AIM@SHAPE 形状库等。此外，还有谷歌公司开发的三维建模软件谷歌SketchUp 可以在互联网上创建和上传三维模型。然而，目前在这些三维模型库中检索关键词"Garment"或"Clothing"得到的结果还很有限，见图6-2。如何分析和理解三维模型中蕴含的语义信息，以便更加有效地处理和使用三维模型，并利用语义信息合成新的三维模型，逐渐成为几何处理领域所关注的最新热点。

（2）三维服装质量和建模效率要求不断提高。

直接从头设计并快速创建出三维服装模型并非易事。在传统三维服装设计领域，人们借助于专业 GCAD 系统等建模工具将二维样板生成三维服装模型，但是这些工具学习难度较高，建模复杂，要求用户具有专业设计知识。而在逆向工程领域，人们通常使用昂贵的专业三维扫描设备在理想的实验室场景下获取点云数据，设备和环境复杂性较高。交互式的建模虽然为三维服装模型的构造和修改提供了便捷手段，用户可以在数秒内获得编辑结果，并能马上再次进行修改，满足三维裁剪的要求，然而，由于服装模型数量的不断增加和质量的不断提高，交互式的建模方法也很难胜任，见图 6-3。受限于这些因素，相对于音频、图像、视频内容的繁荣而言，三维服装建模一直都是国内外研究的热点和难点。许多研究者一致认为三维服装建模的挑战仍然是服装模型的生成。例如，Magnenat-Thalmann N 在 *Modeling and Simulating Bodies and Garments* 中提到三维服装本身的复杂性和几何造型，直接影响到三维服装模型的质量；同时，若再考虑到款式多样性、可扩展性、易用性和低成本等问题，则更具有挑战性。

（3）三维服装模型数据形态呈现出更为明显的复杂性和多元化的特征。

图 6-4 给出了三维服装建模中涉及的非结构化多源数据。例如，在建立三维服装模型的过程中，不仅要处理以视觉感知体系为主导方法所获取的姿势、服装款式、着装效果以及服装的褶皱细节等数据，还要处理三维扫描获取到的服装点云模型数据、以常规的三角形面片进行表示的三维服装几何数据以及三维人体几何模型数据等。三维服装模型的表示方法各不相同，给三维服装建模中的分析和处理方法带来了挑战。

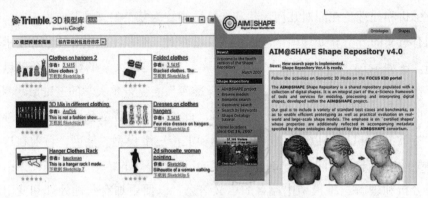

图 6-2　应用于研究领域的三维模型库示例

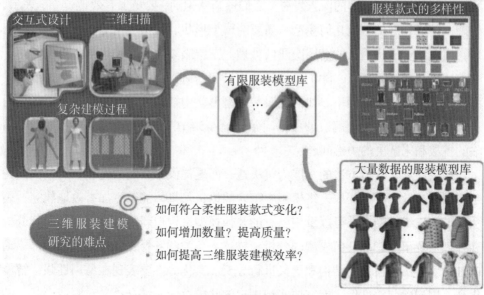

图 6-3   三维服装建模研究的难点及挑战

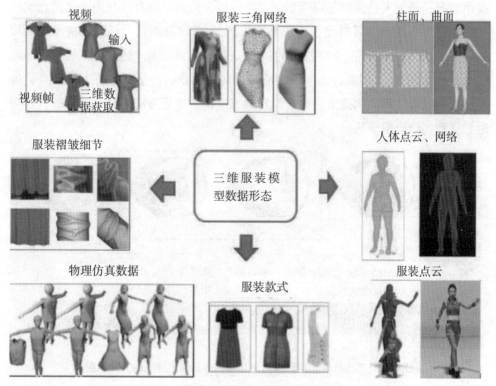

图 6-4   三维服装模型数据形态呈现出的复杂性

随着几何处理研究的深入发展，人们逐渐认识到，要更加有效地建立、表示、处理、传输和维护三维几何模型，需要对模型形状、结构甚至功能进行分析和处理，实现结合形状语义的高层次几何处理。三维服装作为一种非刚性模型，由于其款式复杂多样等特点，除了要计算柔性形变、对齐、部分对应等问题，还要关注提升建模效率和准确率。如何从服装模型形状中抽取纯几何信息，利用优化的目标函数来描述都是要解决的关键问题。图 6-5 给出了三维服装生成和编辑中面临的挑战和未解决的关键问题。

高层次形状分析方法的发展为解决这一问题提供了有利的途径，通过面向特定应用、有效分析和提取三维模型中蕴含的语义信息，能够更加有效地建立、表示和处理三维模型，并可以重用已有的几何模型来构造新的目标模型。形状分析和处理主要研究三维几何模型的分析、描述、分类和解释，即在人类知识的驱动或辅助下对三维模型的结构和语义进行分析。其优势主要表现在易用性强、智能化高、用户参与程度低、能方便实现用户的建模意图。结合语义对服装形状、结构以及功能进行分析和处理，成为三维服装模型智能生成的有效途径。面向特定应用需求，研究人员提取三维模型所蕴含的语义信息，能有效利用语义信息实现三维建模。我国产学界对此也达成共识。例如，《国家中长期科学和技术发展规划纲要（2006—2020 年）》中提出的："重点解决信息技术产品的可扩展性、易用性和低成本问题。"因此，面向三维服装的应用前景，将形状分析方法和几何处理技术相结合，研究和提出更为智能化的三维服装建模方法，具有重要的科学理论意义和实际应用价值。

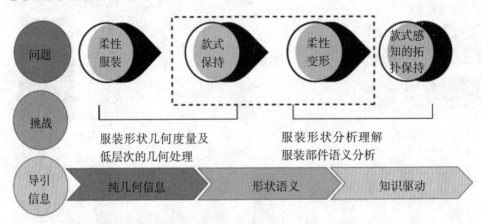

图 6-5　三维服装生成和编辑中面临的挑战和未解决的关键问题

二、三维服装人体建模

人体建模方法主要包括层次化和参数化两个方面。层次化方法主要通过人体测量以及解剖学知识来实现人体模型的变化设计，而参数化方法是通过几何参数化方法和物理模型来提取人体轮廓、人体形状等。通常综合这些方法生成最终的人体模型。在设计阶段，个性化身体模型的构建受到人体测量的四肢高度和上下肢的长度等参数的约束。在标准模型设计阶段，解剖学知识可用来详细描述如肌肉伸缩或胖瘦的参数。例如，腹部、胸部和肌肉是由几何方法构建的，用有限元来对人体进行初始化建模。

（一）几何法

Barr 最早提出基于几何法的服装三维人体建模。在使用简单的几何图元基础上，引入超二次元和保持角度变换来构建复杂的人体模型。其具体形式为给定两条二维曲线：

$$s(\omega)=\begin{bmatrix} s_1(\omega) \\ s_2(\omega) \end{bmatrix},\ \omega_0 \leqslant \omega \leqslant \omega_1;\ t(\eta)=\begin{bmatrix} t_1(\eta) \\ t_2(\eta) \end{bmatrix},\ \eta_0 \leqslant \eta \leqslant \eta_1 \tag{6-1}$$

对这两条曲线的一个球形，笛卡儿乘积定义了一个曲面 $x(\eta,\ \omega)$：

$$x(\eta,\ \omega)=\begin{bmatrix} t_1(\eta) & s_1(\omega) \\ t_1(\eta) & s_2(\omega) \\ t_2(\eta) \end{bmatrix} \tag{6-2}$$

式中，ω，η 为曲面的纬度和经度参数，基于定义的正弦、余弦和指数函数，建立了用于构造复杂固体的超二次曲面原件。此外，还定义了可逆的角度变换，实现模型的弯曲。这些转化方法简化了曲面新切线和法线矢量的计算。同时，还提出了分层实体建模方法，模拟扭转、弯曲等细节的几何变形。

在 Barr 工作的基础上，Sederberg 等提出一种自由变形（FFD）技术。如图 6-6 所示，在该技术中，点集网格中嵌入了一组即将变形的复杂对象，代替了网格上的控制点而不是物体表面最高点。根据网格结构上发生的变形，内在的物体将产生相应的变形。

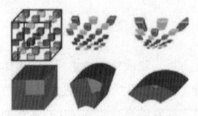

（a）基于 FFD 技术的立方体变形　　　　　（b）底层对象

图 6-6　基于 FFD 技术的立方体及鼻子变形结果

图 6-6 给出了基于 FFD 技术的立方体变形及对鼻子顶点控制后头部发生变形的结果。Lamousin 等通过在不规则网格上映射构造非均匀有理 B 样条曲面（NURBS），扩展了自由曲线，提出 NFFD 技术，使得变形更加灵活。

Forsey 等为了操纵模型的表面，增加了 B 样条表面控制点的数目，其细化过程使更多的控制表面变形成为可能。基于这种方法，引入了两种表面变形技术。一种是表面控制顶点的直接修改；另一种是所谓的"偏移参照"，重叠控制顶点被用作细化。其细化过程为

$$s(u, v) = \sum_i \sum_j V_{i, j} B_{i,k}(u) B_{j,l}(v) \tag{6-3}$$

式中，$s(u, v)$ 表示要改进的表面，$V_{i, j}$ 是控制顶点，$B_{i, k}(u) B_{j, l}(v)$ 是顺序 k 和 l 的基础功能。为了对表面进行更多的变形控制，采用分段的方式重新定义了基本功能：

$$B_{i,k}(u) = \sum_r \alpha_{r,k}(r) N_{r,k}(u) \tag{6-4}$$

$$B_{j,l}(u) = \sum_r \alpha_{j,l}(s) N_{s,l}(v) \tag{6-5}$$

通过公式（6-6），原始表面被重新定义，有着多个控制点，这里 $V_{i, j}$ 是独立影响一个大的表面变形的控制顶点。重新定义了表面之后，$W_{r, s}$ 成为新的控制点。

$$s(u, v) = \sum_r \sum_s W_{r,s} N_{r,k}(u) N_{s,l}(v) \tag{6-6}$$

$$W_{r,s} = \sum_i \sum_s \alpha_{i,k}(r) \alpha_{j,l}(s) V_{i,j} \tag{6-7}$$

Borrel 等提出了另一种互动变形技术。在这种方法中，变形需考虑两步计算。首先，多项式函数乘积 f 在从 R_n 到 R_m 中，是从低到高空间构造而成的（$m > n$）；

其次，不同的线性投影应用于使其从 R_m 到 R_n 成功地变形回去。在投影中，运用变换矩阵 M 来产生适当的变形。根据基于 Borrel 做法的一些约束，身体各部分发生变形从而产生了大小范围的模型，如图 6-7 所示。根据人体区域，几个 B 样条曲线被用作一个变形函数，以获得所需的人体尺寸。

Hyun 等提出了基于扫描的人体建模方法，一个肢体类似于基于扫描的椭圆体，该椭圆体通过向肢体移动改变其大小，并通过关节的位置改变其方向。在这种扫描运动过程中，所有修改的椭圆体都被插入以适应原始模型。因其平稳的运行而产生的近似模型由置换贴图处理，以反映原来的形状。这一过程中的各个阶段如图 6-8 所示，通过在形变过程中增加对四肢的 GPU 辅助碰撞检测。用户指定的多边形网格首先近似于控制扫描表面。其次，这些扫描表面根据关节角度的变化发生变形，最终与重叠区域混合，实现如肘部突起、皮肤褶皱等一些解剖学特征的 GPU 模拟。

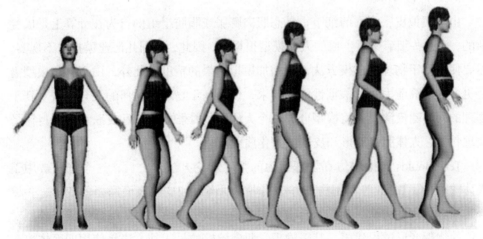

图 6-7　实时人体变形

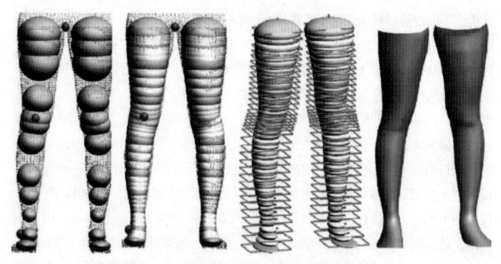

图 6-8　扫描移动的人体表面所产生的椭圆体

（二）物理法

由于模拟皮肤表面的细节，动态肌肉膨胀或脂肪组织的行为在计算上是极复杂的，而这些细节又对生成的人体模型很重要，因此，利用几何建模技术不现实，需要使用基于物理的建模方法，以增加模拟结果的精度。此外，由于物理模型需要更多的计算能力，可根据性能的要求，使用基于物理和几何的混合方法。基于物理的人体建模法就是将模型分成三个人体层：骨骼、肌肉和皮肤。主要目标是实现骨骼、人体肌肉变形和皮肤参数化曲面。

Terzopoulos 等提出仿真物理行为的弹性理论方法。之后，这个方法被用于人体建模中。Teran 等利用物理方法实现了肌肉层和皮肤表面网格的变形，并综合几何和物理的方法，模拟人体真实的物理行为。Nedel 等使用弹簧质子模型对人体的物理变形过程建模。基于物理学肌肉建模的另一种方法是使用四面体填充解剖的身体部位。使用这种方法，每个四面体都可以模拟不同的物理性质来构造多样化模型。例如，Teran 等分割可见的人类 MRI 数据集，以提取真实的肌肉形状，这种模拟结果比前面提到的方法更加真实。Larboulette 等利用基础骨架增加动态皮肤的变形效果。

（三）层次化和参数化建模

在前两节中所提到的几何建模和物理建模技术被应用到人体建模领域。如图 6-9 所示，将层次化和参数化建模技术进行结合可生成更加准确的人体模型。

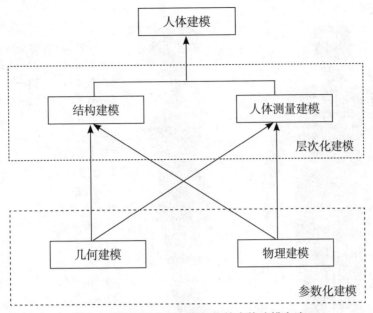

图 6-9　基于层次化和参数化的人体建模方法

　　考虑到虚拟环境中人体模型的重要性，人体测量学还被应用于人体建模中，以设计出不同尺寸的模型。这些参数模型被用于不同的应用领域。例如，虚拟试穿中需要人体测量的特征来生成一个虚拟角色，需要参数化建模来生成虚拟人群与各种现实的人物。图 6-10 给出了用于人体模型的尺寸参数，有些测量数据在统计学上可以通过其他数据的组合而生成。

　　人体模型的变形还可用于人体动画等。Magnenat-Thalmann 等提出了关节衔接局部变形以实现更加逼真的人手变形。手的骨骼结构用来辅助实现关节的局部变形，之后他们利用相同的理论对全骨骼关节进行全体动画建模。Chadwick 等提出了用参数约束的层次化人体建模方法，肌肉和脂肪组织层是从皮肤数据映射到基本骨架层的。自由变形方法被用于这种层次模型中。一个标准的变形操控体是通过肌肉的抽象来实现皮肤的变形的，每块肌肉由自由变形的立方体和控制点的 7 个面表示，其中平面是正交与连接轴。两个相邻的自由变形立方体，其中任意一个立方体都有 4 个面和 1 个公共面，在任何一端的两个面都提供肌肉之间的连续性。中间的 3 个面用来表示肌肉的运动或动态行为。

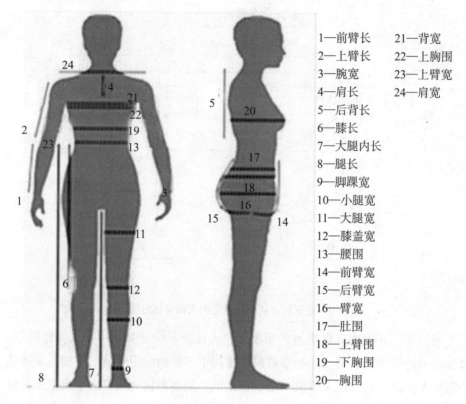

1—前臂长	21—背宽
2—上臂长	22—上胸围
3—腕宽	23—上臂宽
4—肩长	24—肩宽
5—后背长	
6—膝长	
7—大腿内长	
8—腿长	
9—脚踝宽	
10—小腿宽	
11—大腿宽	
12—膝盖宽	
13—腰围	
14—前臂宽	
15—后臂宽	
16—臂宽	
17—肚围	
18—上臂围	
19—下胸围	
20—胸围	

图 6-10　用于人体模型的尺寸参数

三、三维服装 CAD

　　三维服装 CAD 技术综合利用计算机科学、数学、物理、艺术和纺织科学等领域的知识，致力于生成逼真而富有动感的织物运动和变形效果，目前已经成为国内外学术界普遍关注和研究的重点，并被视为 CAD 技术深化应用、跨越发展的重要出路。直接从头设计并快速创建出三维服装模型并非易事。在传统三维服装设计领域，人们借助于专业 GCAD 系统（Lectra，Gerber，CLO 3D）等建模工具将二维样板缝合生成一件完整的服装，然后根据虚拟环境中物理力学的面料属性模拟得到三维服装模型。但是这些工具使用难度较高，建模复杂，要求用户具有一定的专业设计知识。

　　一件服装的外观视觉（真实或虚拟）主要受两个因素的影响：三维服装的形状由对应的二维样板决定；面料属性受其力学和物理性的影响。图 6-11 给出了虚拟服装动画的实例。

图 6-11　虚拟服装动画的 4 个例子

　　传统的三维服装设计通过对服装的二维样板进行数字化制作，制作过程烦琐。首先将服装的纸样固定在黑板上，然后用专用的鼠标跟踪监测二维图案的轮廓和构造线。不同的鼠标按钮可以创建不同的点和标记符。采用这种方法，将二维样板导入服装 CAD 软件中，可对二维样板进行编辑，服装的款式很容易被复制并能修改生成新的轮廓样式。最后扩展生成三维服装（见图 6-12）。

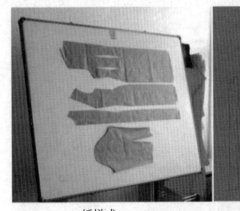

纸样式　　　　　　　　　　　　　　　数字化模式

图 6-12　数字化过程虚拟服装

　　二维样板是在仿真软件上通过网格的形式表示服装表层。当二维样板放置在虚拟人体模型上时，为了获取更为精确的服装，两条缝接线部分应该尽可能小。通过碰撞检测，以使人体表层与服装样板不互相渗透，见图 6-13。此外，全自动放置方法在仿真软件中是可用的。它的工作原理是根据放置的文件，在之前已经被创建的服装中定位。然而自动放置方法只是推荐一系列的衣服和相类似的模式。

图 6-13 服装二维样板的放置模式

在虚拟人体模型的后置模式中，可以执行缝合过程，见图 6-14，使用几种缝合的参数，以模拟不同层次的缝合特征。

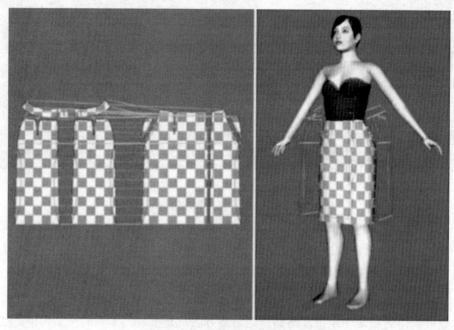

图 6-14 服装二维样板的缝合

第二节　三维服装建模方法

三维建模方法在计算机图形学领域起着重要作用，通常将三维建模方法分为三类：交互式建模、数据驱动建模和逆向工程建模。

一、交互式三维服装建模

交互式三维服装建模一般有两种方法，即从无到有的创建和编辑现有模型生成新模型。从无到有的典型实例有传统的服装 CAD 方法，基于传感器获取点云建模，基于物理的三维服装建模方法，以及谭平等提出的基于图像样本合成的三维虚拟服装动画方法。传统的服装 CAD 设计需要经历一个包括款式与材料的确定、人体测量、绘制纸样、裁剪标记、缝制等过程。为了提高设计的效率和质量，许多服装仿真及建模工具是通过 CAD 系统或是专业的工具 CLO3D，制作二维样板，设计好缝合线和轮廓线等，利用虚拟的三维人体模型，将二维样板缝合，最后通过物理参数的调整，以及织物属性的设置生成一个完整的三维服装模型。但这种建模方法很少考虑形状语义分析，而且建模过程复杂。

近年来，很多工作都致力于如何简化这一复杂的建模过程，清华大学刘永进等专门针对三维服装建模与设计做了深入的分析与综述，他们认为可将三维服装建模设计方法归纳为基于特征的人体建模、基于人体模型的三维服装裁剪、三维服装仿真，以及二维样本的生成等几个方面的工作。例如，香港中文大学 Wang 等，以及浙江大学陆国栋教授和李基拓副教授提出的基于人体特征的二维样板到三维服装模型设计方法。但这些方法仍然需要用户做大量的二维裁剪以及样板制作等工作。日本 Igarashi 等提出的一种交互式的敏捷服装建模方法，可以实时的同时实现二维样板与三维服装双向设计的过程，该方法将服装设计、修改和展示合为一体，实现了真正意义上的三维裁剪。但该方法也要求用户具有一定的服装专业知识，操作较为复杂，且只能处理输入单一的服装模型数据。

此外，基于草图的方法也广泛应用于三维服装建模中，它是将二维草图设计直接映射到三维服装的建模中。Turquin 等提出的基于偏移草图插值的方法就是典型的代表之一。该方法是根据大量轮廓线以及缝合边界完成从二维到三维的服装建模。虽然这些方法不用考虑物理因素，但是其缺陷在于设计过程只能是单一的流程，而且由于受基于草图设计的模式以及大量缝合线、轮廓线等的限制，不能生成具有真实感效果的服装模型。为了改进这一方法带来的不足，Robson 等提出基于内容感知草图的方法，该草图基于一系列的关于服装款式和形状的特征，能够获得具有真实感效果的三维服装模型。

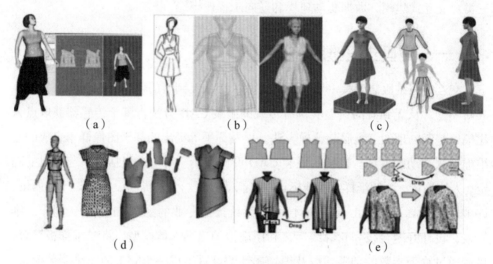

（a）　　　　　　　　　（b）　　　　　　　　（c）

（d）　　　　　　　　　　　　（e）

图 6-15　交互式三维服装建模方法实例

注：（a）为传统的基于物理的三维服装建模；（b）为基于草图绘制的三维服装设计；（c）为基于内容感知草图的三维服装建模方法；（d）为传统的基于人体特征参数的二维样板缝合方法；（e）为交互式敏捷的三维服装建模方法

以上这些方法（见图 6-15）都需要设计标准的服装二维样板，同样也需要用户具有一定的服装设计专业背景。而且，这样从无到有的创建方式，使得基于这些方法生成的三维服装模型的数量也受到了局限。服装款式自身的复杂特性，使得二维样板与相应的三维服装模型之间的映射关系非常复杂，同时若再考虑到柔性服装的面料性能，则更具有难度。因此目前在现有研究模型中，具有真实感的三维服装生成仍然没有得到很好的解决。

浙江大学的胡华强等开发了一个基于手绘草图的三维 CAD 系统。该系统采用以草绘图和草图语义自动机为基础的设计与表达思路，描述草绘图语义的获取、表达和理解方法，从而较好地支持了早期的三维产品概念设计。此外，李基拓等提出基于草图交互的个性化服装曲面生成方法。东华大学钟跃崎等也提出了交互式的二维手绘生成三维虚拟服装原型的方法。然而，目前利用草图交互式的服装建模方法，还存在以下不足：没有准确把握服装外形轮廓变化造型和内形分割变化造型的区别；对于服装曲面形状的修改，还没有有效的交互编辑手段；草图交互的图形元素、操作编辑功能不够丰富；没有对草图交互的约束提出详细的解决方案。

二、数据驱动三维服装建模

近年来，交互式几何建模还提供了另一种途径，即编辑现有模型生成新的模型。Funkhouser 等最早提出用部件重新组合的方法来完成三维模型的构建。在此基础上，Chaudhuri 等提出利用部件建议来实现三维几何建模。基于部件具有的不同形状，自动从数据库中检索并推荐其相关部件给用户，从而生成新的三维模型，有效地辅助交互式几何建模过程。基于部件组合的数据驱动建模方法还有很多实例，这些方法可以通过概率推理的部件化集成方式，自动合成新的三维几何模型，从而实现三维模型生成的自动化以及编辑的智能化，见图6-16。

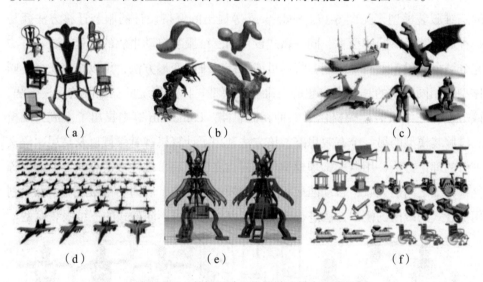

(a)　　　　　　(b)　　　　　　(c)

(d)　　　　　　(e)　　　　　　(f)

图6-16　数据驱动三维服装建模方法实例

注：(a) 部件重新组合的几何建模方法；(b) 基于部件推荐的建模方法；(c) 概率推理的部件化集成建模方法；(d) 几何模型自动合成构建；(e) 先分析后编辑的人造物体模型构建；(f) 具有部件结构感知的三维模型变形

基于部件组合的数据驱动建模方法只考虑了刚性物体的集成部件化的三维构建。此外，Gal 等针对人造物体，提出了先分析后编辑的构建方式。Zheng 等进一步提出通过保持变形控制单元的形状和变形关系完成具有结构感知的三维模型变形，Zheng 等提出了将形状部件子功能结构用于三维模型建模中。浙江大学周昆等针对带有关节的人造物体（如机器人、机械手臂等）提出了关节敏感的形变模型。国防科技大学徐凯等提出了基于图像启发的数据驱动建模方法。用户从图像或照片中的物体得到启发，基于候选三维模型集合的语义信息实现几何建模。国内浙江大学陆国栋教授、东华大学耿兆丰教授以及李继云副教授等，针对服装款式设计，提出了部件化设计服装的思路和可行性。虽然以上学者对三维服装部件的重用进行了较为有效的研究，但仍然存在以下问题：首先，对于人体或服装有拓扑不变的要求，限制了服装款式的造型；其次，没有考虑衣身、衣袖、衣领等部件在造型方法、几何结构上的不同，重用方法没有通用性；最后，在重用的过程中缺少规则或约束的应用。

三、逆向过程建模

　　基于数据生成的角度，启发研究者们利用现有模型快速构建有创意的大规模的三维服装模型，见图 6-17。Sederberg 等提出的保持设计的服装迁移方法就是一种可以基于不同体型下，同一款式设计的三维服装自动生成的过程。这一方法充分结合放码、缩码等机制，将尽可能保持二维的变形方法，可以快速获得不同体型下相同款式的具有真实感的三维服装模型。比起传统的三维服装建模方法，该方法为三维服装建模提供了一种新的思路。Lamousin 等则提出了生成大规模三维服装模型的另一个有效思路，该方法利用了计算机视觉领域以及高层次语义理解的理论方法，用概率推理模型可以简化之前服装二维样板缝合线、轮廓线等复杂特征之间的关联，自动匹配相关二维样板的省道、底边、褶皱线等，然后利用交互式的敏捷的模拟方法进行建模后可以快速获得不同款式的三维服装模型。

（a）　　　　　　　　　　　　　　　　　　（b）

图 6-17　逆向工程建模方法实例

注：（a）保持设计的三维服装迁移方法；（b）基于二维样板自动解析构建三维服装模型

　　这些方法都是以大规模定制为背景，提出了三维服装设计中使用的解决方案，但是仍然还有一些问题需要解决。例如，同样涉及存储大量的顶点信息，涉及放码等二维样板的设计专业知识等。

第三节　相关技术与工具

一、三维人体数据库的建立

应用三维人体测量系统，从人体扫描图像表面提取测量数据的准确性已经得到了科学验证。大量的、准确的人体数据是相关产品设计研究的依据和基础，建立基于三维测量的人体数据库具有重大意义。随着三维人体扫描仪的开发与应用，20世纪90年代，世界各国纷纷开展大规模的三维人体测量项目，建立了具有一定规模的三维人体数据库。如日本的HQL、美国的Size US、英国的Size UK、韩国的Size KOREA等；CAESAR项目建立了涵盖美国与欧洲多国的大型三维人体数据库。目前，日本已经开展了第二次大规模三维人体测量项目，更新已有的人体数据库；欧洲推出了以服装人体数据库更新和服装工业革新为目标的"e-Taylor"项目。我国在人体数据库方面的研究尚处于起步阶段，建立具有一定规模的三维人体数据库已成为服装技术与产业数字化快速发展的关键。2006年，由中国标准化研究院组织的"人类工效学国家基础数据及服装号型标准研究"子项目完成了我国4～17岁未成年人的人体抽样测量工作，样本量达2万余人。东华大学与西安工程大学开展了三维测量数据库模型、数据表示与交换规范及三维人体数据管理系统等方面的研究工作，推进了我国三维人体数据库系统的建立与完善。

二、人体体型分析与识别

人体体型的划分是服装号型标准中一个很重要的问题，体型的划分方法关系到号型覆盖率的大小和号型标准三维人体测量技术的发展与推广应用，使基于此项技术的数字化服装应用技术研究发展迅速。加拿大基于CAESAR三维人体数据库，开展了三维人体扫描模型修复、数据自动提取、数据主成分分析、体积分析等方面的研究工作，最终实现了成年男子体型的细分与自动识别。我国国内研究者针对不同样本群体，在现行服装号型标准基础之上，提出了模糊 C 均值聚类、核 Fisher 自动判别，基于 SVM、躯干体积指数等体型分类与识别方法。

三、三维人体建模

三维人体模型的建立是三维服装设计和虚拟服装展示的基础，是复杂形体几何造型、参数化设计和运动仿真的综合问题。服装三维人体建模主要有曲面建模和基于物理建模两种方法。服装三维人体测量技术的应用极大地推动了服装三维人体建模技术的发展，国内外的研究者在服装人体建模领域展开了广泛深入的研究。日本三重大学基于三维人体扫描数据和几何建模技术，通过对扫描人体体表进行标记点、分割线预处理，建立精确的静态人体模型，用于服装设计；中山大学针对三维服装仿真对多样性人体模型的需求，研究了个性化三维人体建模方法；浙江大学应用神经网络技术，提出了基于截面环求取三维人体模型的建模方法，实现了由关节点驱动的人体动态建模；西安工程大学基于自制人体扫描系统，采用三角面片法构建了三维人体表面模型。

四、三维服装 CAD 技术

三维服装 CAD 系统是建立在三维人体模型上的，它可以集成和综合尺寸信息提取、服装设计、虚拟试衣、动画模拟及基于互联网的定做、销售和展示等技术。三维服装模型大体可分为基于几何的模型、基于物理的模型和混合模型三类。目前，国内外的相关研究主要集中于服装模型自动设计、修改与设计复用等方面。浙江大学研究了服装表面模型建立与模型复用技术，实现了基于草图模式下三维服装表面形态的更新和袖子模型的设计复用；武汉科技大学与俄罗斯伊凡诺沃州立纺织学院开展了女士保暖夹克三维建模、三维服装 CAD 系统开发等系列研究；德国马普信息研究所提出了基于物理的模板相似技术，对着装人体扫描并自动提取服装信息，实现服装与人体分离，建立了服装动态虚拟模型。

五、交互式三维建模工具

OpenGL 具有高性能的交互式三维图形建模能力以及跨平台性、简便高效、功能完善和易于编程开发等优点，是从事三维图形开发工作的必要工具。由于 OpenGL 本身并不具有窗口管理、消息映射等 Windows 编程所必备的能力，也不具有菜单、工具条、对话框等 Windows 界面必备的标准元素，难以做出美观的界面。Visual C++ 是 Windows 环境下功能最为强大的编程工具，并且可以直接嵌入 OpenGL 语句，是 OpenGL 开发的天然工具。

参考文献

[1]郭卡，戴亮.Python计算机视觉与深度学习实战[M].北京：人民邮电出版社，2021.

[2]韩成，杨华民，蒋振刚，等.基于结构光的计算机视觉[M].北京：国防工业出版社，2015.

[3]姜峰，刘绍辉，张盛平，等.计算机视觉运动分析[M].哈尔滨：哈尔滨工业大学出版社，2018.

[4]阚江明，李文彬.基于计算机视觉的活立木三维重建方法[M].北京：中国环境科学出版社，2011.

[5]梁玮，裴明涛.计算机视觉[M].长沙：湖南科学技术出版社，2020.

[6]刘传才.图像理解与计算机视觉[M].厦门：厦门大学出版社，2002.

[7]刘玮，魏龙生.计算机视觉中的目标特征模型和视觉注意模型[M].武汉：华中科技大学出版社，2016.

[8]刘永波，曹艳，胡亮，等.基于计算机视觉的农作物病害图像识别与分级技术研究[M].成都：四川科学技术出版社，2021.

[9]罗杰波，汤晓鸥，徐东.计算机视觉[M].合肥：中国科学技术大学出版社，2011.

[10]罗四维，罗晓月.计算机视觉检测逆问题导论[M].北京：北京交通大学出版社，2017.

[11]孟琭.计算机视觉原理与应用[M].沈阳：东北大学出版社，2011.

[12]秦丽娟，王挺，刘庆涛.计算机单目视觉定位[M].北京：国防工业出版社，2016.

[13]秦晓倩.AI改变世界：基于计算机视觉的人物关系挖掘[M].长春：吉林科学技术出版社有限责任公司，2021.

[14]双锴.计算机视觉[M].北京：北京邮电大学出版社，2020.

[15]王伟.应用设计：计算机设计基础与视觉传达设计[M].沈阳：辽宁美术

出版社，2014.

[16]魏龙生，罗大鹏，高常鑫 . 计算机视觉中的相关滤波跟踪和图像质量评价 [M]. 武汉：华中科学技术大学出版社，2021.

[17]徐海波 . 计算机视觉系统设计及显著性算法研究 [M]. 上海：上海交通大学出版社，2019.

[18]徐晶，方明，杨华民 . 计算机视觉中的运动检测与跟踪 [M]. 北京：国防工业出版社，2012.

[19]章毓晋 . 图象工程下图象理解与计算机视觉 [M]. 北京：清华大学出版社，2000.

[20]赵琳 . 海洋环境下的计算机视觉技术 [M]. 北京：国防工业出版社，2015.

[21]刘骊，付晓东 . 计算机服装建模及仿真 [M]. 昆明：云南大学出版社 ,2018.

[22]叶韵 . 深度学习与计算机视觉：算法原理、框架应用与代码实现 [M]. 北京：机械工业出版社 ,2018.